Die Drainage nasser und kalter Ländereien.

Skizzen

für

Landwirthe und Techniker

von

L. Vincent,

Königl. Regierungs-Conducteur, Wiesen-Baumeister der Pommerschen ökonomischen Gesellschaft und Docent an der Landbau-Akademie zu Regenwalde.

Berlin.

Verlag von Veit und Comp.

1852.

Die Drainage

nasser und kalter Ländereien.

Skizzen

für

Landwirthe und Techniker

von

L. Vincent,

Königl. Regierungs-Conducteur, Wiesen-Baumeister der Pommerschen ökonomischen Gesellschaft und Docent an der Landbau-Akademie zu Regenwalde.

Berlin.

Verlag von Veit und Comp.

1852.

Dem

Königlichen Wirklichen Geheimen Justiz-Rath und inter. Unter-Staatssecretair im Ministerium der landwirthschaftlichen Angelegenheiten

Herrn Bode

Ritter hoher Orden

ehrfurchtsvoll gewidmet

von dem

Verfasser.

Vorwort.

Die rege Theilnahme, welche das Bekanntwerden des Englischen Systems der regelmäßigen Drainage überall erregt, beweist, daß nicht allein die Nothwendigkeit der Trockenlegung der nassen und kalten Ländereien vielfach erkannt, sondern auch Abhülfe dieses Uebels oft versucht, und vergeblich versucht sein muß. Namentlich hat das Auswintern des vorjährigen Roggens zur allgemeineren Verbreitung dieser Erkenntniß mächtig beigetragen und den regsten Eifer für die gute Sache erweckt. Die Regierungen, die landwirthschaftlichen Vereine und einzelne Gutsbesitzer interessiren sich dafür im höchsten Grade. So sehr aber auch dieser Eifer gerechtfertigt ist, so sehr gewünscht werden muß, auch bei uns die Vortheile der Drainage recht bald und recht vielfach ausgebeutet zu sehen, eben so sehr ist aber zu fürchten, daß gerade dieser Eifer hin und wieder zu schnell vorwärts drängen, zu weit führen und das Mißlingen so manchen Unternehmens zur Folge haben wird. Aus Erfahrung aber wissen wir, daß solche mißlungene Versuche, wenn sie vereinzelt dastehen, im landwirthschaftlichen Publikum wenigstens Mißtrauen, wenn sie häufiger vorkommen — Vorurtheile gegen die gute Sache veranlassen, und erst später dazu dienen, durch mehrseitige Prüfung der Ursachen des Mißlingens, durch Austausch der Meinungen u. s. w. auf den rechten Weg zu führen. Es geht nur immer eine lange Zeit verloren, ehe solche Vorurtheile wieder ausgerottet sind, und dieser Zeitverlust in einem so hochwichtigen Kulturzweige würde unendlich zu bedauern sein.

Der Verfasser, welcher in Pommern den Wiesenbau alle diese Stadien hat durchmachen sehen, fühlt sich deshalb gedrungen, zur mehrseitigen Prüfung anzuregen, und einige Fingerzeige zu geben, daß es beim Drainiren noch auf etwas Anderes ankommen dürfte, als auf das, was in deu bisher erschienenen Werken immer in den Vordergrund geschoben ist. Es kann dabei allerdings noch nicht von allgemein gültigen Erfahrungen die Rede sein, da es solche überhaupt noch gar nicht giebt, und bis jetzt nur einzelne Beobachtungen vorliegen, allein es ist zu wünschen, daß, da wir einmal zu experimentiren gezwungen sind, diese Versuche so eingerichtet und angestellt werden, daß sie nicht von vorn herein Bedingungen des Mißlingens in sich tragen. Derselbe erkennt die Verpflichtung hierzu um so mehr, da er seit 20

Jahren praktisch mit landwirthschaftlichen Meliorationen beschäftigt, Entwässerungen der verschiedensten Art, mit offenen und verdeckten Gräben, nach Elkington'scher und Pogge'scher Manier 2c. auszuführen und im Auftrage Eines Königlichen Hohen landwirthschaftlichen Ministeriums im vergangenen Jahre die Drainage in allen Stadien der Ausführung in England und Belgien mit eigenen Augen zu sehen und genau kennen zu lernen Gelegenheit gehabt hat. In dem Nachfolgenden werden daher weniger bestimmte Regeln, als vielmehr nur Andeutungen gefunden werden können, worauf bei der Anlage systematischer, regelmäßiger Drainagen der sichere Erfolg und die größtmöglichste Billigkeit des Unternehmens beruht, und auf welche Weise derselbe erzielt werden kann. Die Erfahrung wird auch hierbei der Prüfstein des Richtigen werden.

Die regelmäßige und systematische Drainage ist eine rein Englische Erfindung, und vorzugsweise auch erst in England, Schottland und Irland angewendet. Das Wenige, was sich in anderen Ländern davon vorfindet, ist bis jetzt größtentheils nur eine unvollkommene Copie des dort angewendeten Verfahrens. Ehe der Verfasser seine Ansichten darüber entwickeln kann, scheint es demselben nothwendig, eine kurze Beschreibung der Englischen Verhältnisse, so weit er dieselben kennen gelernt und so weit sie auf diesen Kulturzweig Einfluß haben, voranzuschicken, um daran ohne Vorliebe und ohne Vorurtheile zu prüfen, ob das dort angewandte Verfahren Nachahmung verdiene, oder ob unser Boden u. s. w. Abweichungen erlaube, oder gar nöthig mache. Die Vorschläge zu Veränderungen, die Gründe dafür, die Ableitung von Regeln können erst einem Vergleich mit unseren Verhältnissen folgen.

Regenwalde, im März 1852.

Der Verfasser.

Inhalt.

Seite

Die Verhältnisse in England.

England hat auf der von mir durchreisten Tour überall den Charakter eines Gebirgslandes. Vor dem, der bei Dover an's Land tritt, erheben sich unmittelbar hinter der Stadt hohe Kreidefelsen. Von dieser jüngsten Formation des sekundären Gebirges steigt man auf der Reise nach Edinburg mit der Nordwestbahn bis zur ältesten, der Grauwacke herab. An vielen Orten erheben sich einzelne Felsblöcke über der Oberfläche, an anderen steigen sie massenweise zu höheren Bergen an. Noch genauer erkennt man diesen Charakter in den vielen Durchstichen und Tunnels der Eisenbahnen, welche zum Theil einzelne dünne Felsschichten durchschneiden, zum Theil in mächtigere vollständig hinein gebrochen und gesprengt sind. Nur auf der östlichen Seite des Landes, in Norfolk, ist Diluvialboden, und nördlich davon an der Küste ein Strich Alluvium.

Die Oberfläche des Landes ist hügelig, von vielen kleinen Flüssen und Bächen durchströmt, deren Wasser vielfach zur Speisung von Schiffahrtskanälen, die das Land nach allen Richtungen durchschneiden, zuweilen zum Betriebe von Wasserwerken und zum Bewässern der Wiesen benutzt werden.

Die Lagerung der verschiedenen Bodenschichten ist, wie überall in der sekundären Gebirgsformation, sehr regelmäßig und je nach dem Grade der Hebung unter verschiedenen Winkeln gegen den Horizont ansteigend, zuweilen sogar beinahe senkrecht sich erhebend.

Die Qualität des Bodens richtet sich natürlich nach der Beschaffenheit der Felsarten, aus denen derselbe durch die Verwitterung ꝛc. entstanden. Großentheils besteht er, und namentlich da, wo ich die Ausführung von Drainanlagen gesehen habe, aus einem ganz fetten und strengen Thon, entstanden aus Grünsand, Thonschiefer ꝛc., Wälderthon, welcher sich, sogar getrocknet, nicht sandig, scharf oder rauh, sondern wie Seife anfühlt, ein Thon, der fast sofort vom Töpfer verarbeitet werden könnte, und der nur in der Ackerkrume durch langjährige fleißige Bestellung, verbunden mit kräftiger Düngung, eine andere Beschaffenheit angenommen hat.

Da, wo ein solcher Thon den Untergrund bildet, ist derselbe von vielen kleinen und feinen Rissen durchzogen, in denen ich trotz der lange anhaltenden Trockenheit häufig in einiger Tiefe Wasser gefunden habe. Auch in aufgegrabenen Probelöchern stand das Wasser bis auf 3 Fuß unter der Oberfläche des Ackers. Nicht überall findet sich indessen ein so schwerer Untergrund, ich habe vielfach sehr groben Kies (die Steinchen bis zur Größe von Haselnüssen, waren zwar mit Thon gleichsam aneinander gekittet, doch zerfiel die Masse beim Ausheben auf dem Spaten), rothen nassen Sand, ja selbst torfigen Moorboden gesehen, der nicht tief unter der Ackerkrume lag. Im Allgemeinen findet sich in einigen Gegenden viel kalter und nasser Boden, welcher an der eigenthümlichen Graswüchsigkeit, an der Farbe, den vielen Binsen und dem Unkraut zwischen den stehenden Früchten, welches trotz der sorgfältigen Bestellung in Menge sich findet, ganz unzweideutig zu erkennen ist.

Bewirthschaftet wird der Acker von kleinen Pachthöfen aus. In Schottland sind diese Wirthschaften zwar etwas größer, als in England, doch gehören Güter von 700 bis 800 Morgen schon zu den größten. Sie sind in viele, nach unserm Maaßstabe sehr kleine Felder eingetheilt, welche da, wo ein hoher Culturzustand schon erreicht ist, mit Hecken eingefaßt sind, und da, wo ein solcher noch erstrebt wird, jetzt noch eingefaßt werden. Die Hecken selbst sind sehr verschiedenartig. Sie bestehen aus beschnittenem Weißdorn oder anderen frei wachsenden Sträuchern. Im südlichen England werden vielfach auch höhere

Bäume darin gezogen. Ueberall hält man dieselben zum Schutze des Bodens für nothwendig, und eine hohe Tragfähigkeit desselben ohne Hecken gar nicht für denkbar. Auf den Reisenden macht England mit seinen Hecken und vielen Bäumen, mit den reichen Grasländereien und üppig stehenden Früchten, und mit den freundlich daraus hervorleuchtenden, sauber und reinlich gehaltenen Häusern einen höchst angenehmen, wohlthuenden Eindruck. Bei längerem Aufenthalte dort gewöhnt man sich sehr bald daran, weil die Landschaft, überall sich ähnlich, einförmig wird.

Bei der Eintheilung der Felder, welche rein nach wirthschaftlichen, oft zufälligen Rücksichten geschehen, ist die Lage und das Gefälle des Bodens wenig oder gar nicht beachtet worden. Sollte nun jetzt, wo bei immer höher sich entwickelnder Cultur und bei immer höher steigendem Werth des Grund und Bodens die nachtheiligen Eigenschaften der nassen und kalten Aecker immer schlagender hervortreten und immer empfindlichere Verluste verursachen, eine Entwässerung durch offene und, wenn sie gründlich helfen sollen, tiefe, deshalb auch breite Gräben vorgenommen werden, so würden dadurch nicht allein große Flächen von hohem Werth ganz verloren gehen, sondern es würde auch die gute Bestellung, welche überall verlangt wird, zu deren Erleichterung immer neuere und bessere Instrumente und Maschinen erfunden und eingeführt werden, zwischen Hecken und Gräben ganz unleidlich erschwert werden, es würden die Hecken zum Theil fortgenommen und das auf der Weide jetzt sich selbst überlassene Vieh beaufsichtigt werden müssen. Daß übrigens offene Gräben auch in England helfen, und sehr gründlich helfen können, wenn sie nur auf dem rechten Fleck und in den gehörigen Dimensionen gemacht werden, davon habe ich an verschiedenen Orten die vollständigste Ueberzeugung zu gewinnen Gelegenheit gehabt. Allein die oben angeführten Gründe sind gewichtig genug, deren Anwendung nur auf einzelne Localitäten zu beschränken, und so hat in England das Bedürfniß, die Noth, immer die beste Lehrmeisterin, schon lange auf die Anwendung verdeckter Entwässerungs-Gräben geführt. Im Verlaufe einer längeren Zeit hat sich aber die

Erfahrung herausgestellt, daß vereinzelte Drains, welche überdies häufig nicht einmal eine hinreichende Tiefe erhalten hatten, nicht genügten, und auf diese Weise kam man, besonders seitdem durch die Benutzung der Maschinen zum Pressen der Drainröhren der Preis des Materials unglaublich niedrig gestellt werden konnte, und dadurch auch die Kosten der Drainage so sehr viel billiger wurden, auf die Ausführung regelmäßiger Systeme von Drains.

Der Effekt der regelmäßigen systematischen Drainage, welcher sich am augenscheinlichsten an dem Unterschiede im Stande des Getreides auf drainirtem und auf nicht drainirtem Boden erkennen läßt, ist so entschieden günstig ausgefallen, daß jetzt mit einer uns unglaublich scheinenden Kraftanstrengung und Energie überall an die Ausführung dieser Melioration gegangen wird. Als Beispiel will ich nur anführen, daß der Herzog von Northumberland allein jährlich 150,000 Thlr. auf seinen Gütern dazu ausgesetzt hat, daß der Lord Stanley, Earl of Derby, im Jahre 1850 — 1,300,000 Fuß Röhren hat legen lassen, daß endlich Sir Thomas Hesketh eine Dampfmaschine von 20 Pferdekraft nur zu dem einen Zweck hat aufstellen lassen, Vorfluth zu schaffen u. s. w. Diesem Erfolge muß natürlich auch die Zunahme des Pachtpreises entsprechen, und wurde mir Boden gezeigt, welcher früher, nicht drainirt, nur 1 Thlr. Pacht, jetzt, nach Ausführung der Melioration, 12 bis 18 Thlr. pro Morgen tragen soll. Ein so großer Nutzen verzinst aber auch ein hohes Anlage-Capital sehr reichlich, und daher wird auf eine möglichst sparsame Verwendung desselben nicht nur nicht Bedacht genommen, sondern dasselbe rücksichtslos mit vollen Händen wenigstens in sofern wirklich fortgeworfen, als mit geringeren Mitteln dasselbe geleistet werden könnte, ja, es scheint beinahe, als würde zuweilen Etwas darin gesucht, recht viel Geld für diese Meliorationen ausgegeben zu haben. Manche Gutsbesitzer, welche das Meliorations-Capital hergeben, haben auch ein wirkliches Interesse dabei, recht viel Geld dafür auszugeben, da ihnen dasselbe von den Pächtern bereitwillig mit 5 Procent verzinst und mit der Zeit die höhere Pacht gezahlt wird. Ueber diese Verschwendung klagt selbst Mstr. Parks, der konsultirende Ingenieur der Königlichen Ackerbau-Gesellschaft von England, welcher als Techniker eines besonders guten Rufes genießt und viele sehr umfassende Drainagen leitet.

Ausführung der Drainage in England.

Eine vollständige und für die Praxis brauchbare Theorie der Drainage giebt es in England noch nicht. Ebenso wenig konnte ich bestimmte allgemeine Regeln darüber, was für einen Einfluß die Beschaffenheit des Bodens und Untergrundes habe, wie tief, wie weit entfernt von einander, mit welchem Gefälle die Gräben angelegt werden müssen, wie und wonach die Dimensionen der Röhren bestimmt werden u. dergl. m. in Erfahrung bringen. Man wich entweder den dahin zielenden Fragen ganz aus und berief sich auf die eigene Erfahrung, oder bezog sich, wenn man antwortete, auf das Terrain, oder gab einige ganz willkürliche Zahlen. Ich kann daher hier nur die mir vorgekommenen Thatsachen neben einander stellen und werde später auf diesen Punkt zurückkommen. Man streitet sich jetzt in England eigentlich noch um die ganz allgemeine Frage, ob tiefer und weitläuftiger, oder flach und in geringen Entfernungen die Gräben zu ziehen und die Röhren zu legen sind. Nur über sehr wenige Punkte ist man einig, über die bei weitem meisten gehen die Meinungen weit aus einander.

Lage und Richtung der Drains.

Einig ist man eigentlich nur über die den Drains zu gebende Richtung. Sie sollen nach den dortigen Ansichten dem größten Gefälle des Terrains folgen, also gerade bergab gehen.

Der Grund, warum diese Richtung allen anderen vorzuziehen, liegt ziemlich nahe. Werden die Drains nämlich längs dem Höhenabhange gemacht, so giebt es unterhalb derselben an oder in der Nähe der Oberfläche des Bodens Punkte, welche noch niedriger liegen, als die Sohle oder die Röhren der Drains. Das von der einen, oberen Seite durch die Stoßfugen in die Röhre eingedrungene Wasser hat vermöge seiner Schwerkraft das Bestreben, auf der anderen unteren Seite ebenso aus den Fugen wieder hinauszutreten. Nur ein Theil desselben geht in der Röhre fort, ein anderer tritt wirklich hinaus, und sickert durch die Erde hindurch nach diesen niedrigeren Punkten. Es bleiben da nasse und kalte Stellen, wenn nicht andere Drains das Wasser wieder abfangen, denn der Boden ist entweder von Natur schon durchlassend, oder er ist es durch die Drains geworden. Die Gräben wirken daher eigentlich nur nach einer Seite und müssen deshalb unverhältnißmäßig nahe an einander gelegt werden. Dagegen dringt das Wasser in die gerade bergab gehenden Röhren von beiden Seiten ein und fließt in denselben vollständig ab. Die Entfernung der Drains kann unbeschadet des Erfolgs die möglichst größte sein, das Anlage-Capital wird bedeutend geringer.

Tiefe der Drains.

Ueber alle übrigen Momente sind die Meinungen getheilt. Gewöhnlich machen die Farmers und diejenigen Besitzer, welche die Anlagen durch ihre eigenen Agenten ohne Zuziehung von Ingenieurs ausführen lassen, die Gräben nur 3 Fuß tief, und ich habe vielfach von denselben als eine Erfahrung aussprechen hören, daß eine größere Tiefe nichts nutze, weil man die Drains darum doch nicht weiter aus einander legen dürfe. Der früher schon genannte Ingenieur Mstr. Parks ist dagegen ganz entschieden der Ansicht und beruft sich ebenfalls auf seine Erfahrungen, daß ein so flaches und darum so enges Drainiren eine reine Verschwendung von Anlage-Capital involvire, und daß die Röhren niemals flacher, als 4 Fuß gelegt werden sollten, ja, er giebt zu, daß es sehr wohl Fälle geben könne, in denen man 6, selbst 9 Fuß tief in den Boden hineingehen müsse. Ich sah von demselben angelegte Drains von 5 Fuß Tiefe auf einer Weide mit Bruchboden, welche nach dem Vergleich zwischen diesem drainirten und dem daneben liegenden noch nicht drainirten Terrain (Heimathsgefühle wehten mich an, denn es sah da gerade so aus, wie an vielen Orten in Pommern) zu urtheilen, allerdings sehr bedeutenden Nutzen gestiftet hatten, wenngleich der Boden immer noch nicht ganz trocken war, doch — das hatte noch andere Ursachen. 3 und 4 Fuß sind indessen die gewöhnlichen Maaße, welche man angewendet sieht.

Ein flacheres Arbeiten, als auf 3 Fuß wird jetzt schon selbst von den Pächtern verworfen.

Entfernung der Drains von einander.

Auch in den Angaben über die nothwendige Entfernung der Gräben von einander herrscht eine eben so große Verschiedenheit, als bei den Angaben über die Tiefe. Die Farmers, überhaupt die Vertheidiger der flacheren Drains, wollen von keiner weiteren Entfernung, als 18 Fuß Etwas wissen. Sie führen Beispiele an, daß die Drains, welche auf manchen Gütern zuerst 36 Fuß weit aus einander gemacht worden, ihren Zweck durchaus verfehlt hätten, und daß der Boden erst trocken geworden, nachdem andere neue Drains zwischen jene älteren gelegt seien, als also die Entfernung zwischen denselben nur noch 18 Fuß betrug. Nach diesem System wurden auf den Gütern des Lord Stanley die Anlagen ausgeführt, während bei Alnwick auf den Gütern des Herzogs von Northumberland, wo Mstr. Parks die Arbeiten leitete, die Drains 30 Fuß aus einander gelegt wurden, obgleich hier der Boden aus ganz eben so strengem Thon bestand, als dort. Mstr. Parks nimmt überhaupt 24 Fuß als die ausnahmsweise geringste Entfernung an, er meint, daß 30 Fuß fast immer genügen, daß man bei größerer Tiefe und bei durchlassendem Boden noch bis zu 50 Fuß steigen könne. Die oben erwähnten 5 Fuß tiefen Drains auf der bruchigen Weide waren auch 50 Fuß an einander gelegt, ohne daß auf der Fläche naß gebliebene Stellen sichtbar gewesen wären. Die allgemeine Regel ist die, es kann, je tiefer die Röhren gelegt werden, desto größer die Entfernung zwischen denselben sein, ohne den Erfolg zu gefährden. Die Meliorationskosten nehmen aber nicht mit der Tiefe, sondern mit der Zahl der Drains zu, daher wird die engere Drainage immer zu theuer. Ein einfaches Rechen-Exempel liefert den Beweis für diese Ansicht.

Zum Drainiren von 1 Morgen z. B. gehören bei 18 Fuß Entfernung 120 Ruthen Drains.

	Thlr.	Sgr.	Pf.
120 Ruthen Gräben zu den Drains 3 Fuß tief zu graben, die Röhren tüchtig zu legen und die Grabenerde behutsam wieder darauf zu werfen, à 1 Sgr. 6 Pf.	6 Thlr.	— Sgr.	— Pf.
1500 Fuß Röhren, incl. Bruch anzukaufen, pro mille 5 Thlr.	7 „	15 „	— „
1500 Fuß Röhren do. anzufahren pro mille 10 Sgr.	— „	15 „	— „
Summa	14 Thlr.	— Sgr.	— Pf.

Dagegen gehören zu 1 Morgen bei 36 Fuß Entfernung nur 60 Ruthen Gräben.

	Thlr.	Sgr.	Pf.
60 Ruthen Gräben 4½ Fuß tief (wie oben) à 2 Sgr.	4 Thlr.	— Sgr.	— Pf.
750 Fuß Röhren anzukaufen pro mille 5 Thlr.	3 „	22 „	6 „
750 Fuß Röhren anzufahren pro mille 10 Sgr.	— „	7 „	6 „
Summa	8 Thlr.	— Sgr.	— Pf.

Bei der doppelten Entfernung der Drainröhren kostet also 1 Morgen trotz der größeren Tiefe wenig mehr, als die Hälfte des Anlage-Capitals.

Länge der Drains.

Bei dem geringen Flächeninhalt der englischen Felder kommen Drains von bedeutender Länge sehr selten vor. Daher hat man diesem Gegenstande bis jetzt wohl weniger Aufmerksamkeit geschenkt, als eigentlich nöthig ist. Gewöhnlich hört man die Ansicht aussprechen, die Drains dürfe man so lang machen, als Terrain und Gefälle es erlauben. Nur selten wurden mir Zahlen angegeben und dann differirten dieselben zwischen 50 und 120 Ruthen.

Gefälle.

Eben so unsicher waren die Nachrichten über das den Drains zu gebende geringste Gefälle. Auch hierfür sollte gewöhnlich die Neigung des Terrains maaßgebend sein. Bei der hügeligen Beschaffenheit des Bodens mag das auch wohl sehr oft genügen. Wenn aber Zahlen mir angegeben wurden, so war die Differenz wieder eben so bedeutend, als bei Bestimmung der Länge. Von dem Einen wurden 16 bis 17 Zoll, von dem Andern 20 Zoll, von dem Dritten aber 3 Fuß 6 Zoll Gefälle auf 100 Ruthen Länge verlangt.

Weite der Röhren.

Von den Farmers, welche die Anlagen selbst ausführen, überhaupt da, wo keine Techniker zu Rathe gezogen werden, sieht man noch gewöhnlich 1½ und 2zöllige Röhren zu den Drains anwenden. Mstr. Parks wendet dagegen in der Regel nur 1zöllige Röhren mit demselben guten Erfolge an (wenn nicht von den Besitzern durchaus größere Röhren verlangt werden, was auch vorkommt). Die 1½zölligen Röhren werden pro Tausend mit 4 Thlrn. 20 Sgr., die 2zölligen mit 5 Thlrn. 10 Sgr. bezahlt, während die 1zölligen nur 3 Thlr. 20 Sgr. kosten. Genügen aber 1zöllige Röhren, so ist die Mehrausgabe von 1 Thlr. bis 1 Thlr. 20 Sgr. für jede 1000 Fuß unnütz. Nur bei großen Längen, meint Mstr. Parks, würden die Röhren sich nach der Ausmündung zu etwas erweitern müssen. Eine solche tubusartige Zunahme in der inneren Oeffnung wurde auch noch von einer anderen Seite her empfohlen. Ueber die zulässige Länge einer jeden Sorte von Röhren und die Grenzen dieser Erweiterung konnte aber nichts Bestimmtes angegeben werden; so wie überhaupt nichts berechnet zu werden, sondern Alles dem Gutdünken des Ausführenden überlassen zu sein scheint.

Muffeln überzustreifen wird von Vielen empfohlen, von Anderen für nicht nöthig gehalten. Mstr. Parks hält dieselben bei 1zölligen Röhren vorzugsweise für sehr zweckmäßig, allein er unterläßt deren Anwendung gewöhnlich doch, weil die Kosten dadurch bedeutend vermehrt werden.

Haupt- oder Sammeldrains.

Offene Gräben giebt es in England nur wenige, und die Anlage neuer ist, wie schon oben auseinandergesetzt, mit großen Schwierigkeiten verbunden, daher werden in der Regel mehrere

Saugdrains in einen gemeinschaftlichen Haupt- oder Sammeldrain vereinigt. Zu diesen Hauptdrains werden häufig 3zöllige, von Anderen 5zöllige, von Manchen sogar 9zöllige Röhren genommen. Der Preis der 3zölligen Röhren ist 10 Thlr. 10 Sgr., der 6zölligen 28 Thlr. pro 1000 Fuß. Die Anwendung zu weiter Röhren veranlaßt also wieder eine sehr bedeutende Mehrausgabe, welche sehr wohl erspart werden könnte.

Diese Sammeldrains münden schließlich in offenen Gräben aus. Da aber in diesen Gräben, welche immer zur Abführung des Tagewassers bestimmt sind, bei anhaltendem Regenwetter viel Wasser sich ansammelt, wodurch natürlich deren Wasserspiegel ansteigt, so tritt der Fall nicht selten ein, daß die Ausflußöffnung des Hauptdrains unter dem Wasser des Grabens liegt, dieses also in jenen hinein zurückstaut, ich habe aber nicht gehört, daß man davon Nachtheil erwartete oder bis jetzt wahrgenommen hätte. So oft ich diesen Fall getroffen, hatte man aber die Vorsicht gebraucht, die Ausflußöffnung nicht unmittelbar auf die Grabensohle, sondern stets 1 bis $1\frac{1}{2}$ Fuß darüber zu legen, so daß also der im Graben fortgeschwemmte Sand ꝛc. unterhalb dieser Mündungen fortgetrieben wird, sich also darin nicht ablagern und dieselbe verstopfen kann.

Zur Verbindung der Saug- mit den Sammeldrains wurden in die Röhren der letzteren vor dem Brennen Löcher eingeschnitten und die ersteren hineingesteckt. Diese Löcher können allenfalls auch in die schon gebrannten mit dem Mauerhammer eingeschlagen werden, doch geht das andere Verfahren leichter und schneller. Es gab auch Hauptdrain-Röhren, an welche kurze Enden enger gebogener Röhren vor dem Brennen angeklebt waren, an welche die der Saugdrains dann angesetzt wurden. Immer aber werden die Hauptdrains einige Zoll niedriger gelegt, als die darin ausmündenden kleineren und dadurch der Rückstau in diese hinein vermieden.

Die zulässige Länge der Sammeldrains wurde bis 250 Ruthen angegeben.

Die Arbeiten bei der Ausführung.

Wenn nun auch nach den oben gedachten Richtungen hin Manches zu wünschen übrig bleibt, so muß doch andererseits wieder anerkannt werden, daß die praktischen Arbeiten bei der Ausführung einer Drainage in England ganz vortrefflich gemacht werden. Bei dem Ausheben der Gräben wird nicht mehr Erde bewegt, als gerade durchaus nothwendig ist, um bis zu der bestimmten Tiefe hinabzukommen. Die Gräben werden deshalb in der Sohle auch nur gerade so breit gemacht, als nöthig, um die Röhren hineinzulegen. Das dazu verwendete Handwerkszeug entspricht diesem Zweck vollkommen. Die Spaten haben verschiedene Breiten. Sie verjüngen sich nach unten der Art, daß nicht allein jeder Stich in seiner vollen Breite damit herausgenommen, sondern auch unten um so viel schmaler wird, als die Dossirung des Grabens es erfordert. Für jeden Stich ist daher ein besonderer, für jeden tieferen ein schmalerer Spaten nöthig. Dadurch aber, daß diese Spaten die Breite des Grabens haben, werden die Borten gleich beim Ausgraben der Erde mit gebildet, ohne daß dazu ein besonderes Abstechen und Nachputzen erforderlich wird. Es wird dadurch auch das zu viele Bröckeln und Zurückfallen loser Erde bei dem Herausheben des losgestochenen Bodens vermieden, welches bei der Anwendung zu schmaler oder vorn gar runder Spaten in so großem Maaße vorkommt, und welches ein Nachschippen dieser losen Erde, also in demselben Stich eine zweite Arbeit nöthig macht. Endlich wird es nur damit möglich, mit jedem Stich so tief in die Erde zu kommen, als es nur angeht, während mit andern wenig mehr als die Hälfte dieser Tiefe erreicht wird. Die Anfertigung der Gräben geht darum mit solchen Spaten am schnellsten. Die wenige bei jedem Stich abkrümelnde Erde wird von dem folgenden Arbeiter, welcher auf dem Stich des vorigen steht, wieder festgetreten und mit dem eigenen Stich ausgeworfen. Am klarsten treten diese Vortheile bei losem sandigen, etwas weniger bei strengem und zusammenhaltendem Boden heror. Zum untersten Stich wird natürlich derjenige Spaten angewendet, dessen untere Breite dem Durchmesser der zu legenden Röhren entspricht. Die Grabensohle wird also gleich dem Durchmesser dieser Röhre. Diese kann hineingelegt, nicht von der Seite weichen, ein Vortheil, den nur derjenige recht zu erkennen vermag, der selbst erfahren hat, wie mühsam es ist, die Röhren in einem zu breiten Graben beim Zuwerfen in der gehörigen Richtung zu erhalten. Damit aber bei der Arbeit durch das Laufen nach dem verschiedenen Handwerkszeuge und durch wiederholtes Wechseln desselben keine Zeit unnütz verloren geht, gräbt ein jeder Arbeiter mit einem und demselben Spaten immer vorwärts. Was der oberste an der größeren Masse von auszuwerfendem Boden mehr Arbeit hat, gräbt der folgende in dem unteren Stiche unbequemer. Zu einem Graben gehören daher 3 bis 6 Mann.

Die obere Breite der Draingräben wird 15 bis 18 Zoll, also nur gerade so breit, daß der den letzten Stich herausnehmende Gräber sich noch darin bewegen kann. Bei sehr tiefen Drains muß dieselbe natürlicher Weise entsprechend breiter aufgenommen werden, für 9 Fuß Tiefe z. B. 30 Zoll.

Gegraben werden dieselben am besten von unten herauf, damit das im Untergrunde sich findende Wasser während der Arbeit ablaufen kann, nicht hinderlich wird. Dagegen ist es zweckmäßig, mit dem Legen der Röhren am oberen Ende anzufangen. Das ist namentlich da nothwendig, wo sich fließendes Wasser im Graben findet, weil dasselbe, während der Arbeit trübe und schlammig, leicht Veranlassung zur Verstopfung wird, sobald die Röhren von unten herauf gelegt werden, während es aus den anderen, in die es nur durch die Stoßfugen hat eindringen können, sehr bald hell und klar herausfließt.

Das Abwiegen des richtigen und gleichmäßigen Gefälles der Grabensohle geschieht zuweilen mit der Setzwage, unter der eine dem nothwendigen Gefälle entsprechende, auf dem einen Ende breitere, auf dem anderen schmalere Leiste befestigt, oder an der bemerkt ist, wie weit das Loth neben den senkrechten Strich schlagen muß, am einfachsten indessen, wenn man es haben kann, nach dem fließenden Wasser. Bei nur geringer Uebung gewährt das letztere einen ganz vortrefflichen Maaßstab. —

Eingelegt werden die Röhren in diese Gräben von einem Arbeiter, welcher in demselben steht. Er legt, von oben anfangend, die Röhren vor sich her, tritt darauf und legt weiter. Um die Arbeit nicht aufzuhalten, müssen dieselben schon vorher auf der Grabenbord so hingereiht sein, daß auf jeden Fuß Länge eine Röhre liegt, und von dem im Graben Stehenden bequem gelangt werden kann, damit nicht auf deren Herbeischaffung gewartet zu werden braucht. In tiefen Gräben und bei weichem Boden hat das aber große Schwierigkeiten. In diesem Falle wendet man einen leichten eisernen Haken an, auf den die Röhren aufgestreift werden. Mit diesem Haken legt sie nun der auf der Grabenbord stehende Arbeiter hinab, drückt sie je nach Bedürfniß hinten oder vorn etwas an, zieht den Haken heraus und hilft, wenn die Röhre noch nicht die richtige Lage haben sollte, durch leichtes Aufklopfen nach. Es bleibt auf diese Weise der Graben während der Arbeit auch reiner, als wenn der Legende darin steht.

Dennoch ist es nicht zu vermeiden, daß etwas lose Erde von oben in den Graben hineinfällt, auch ist die Sohle nach dem Ausheben noch nicht glatt genug. Dieselbe muß abgeglichen und die hineingefallene Erde herausgenommen werden. Der Graben hat aber unten nur einige Zoll Breite, deshalb gehören dazu eigene, diesen Dimensionen entsprechende Schippen. Da von einer schmalen Schippe die darauf liegende lose Erde leicht herabfällt, und da eine hohle Sohle für die hineinzulegenden Röhren am besten paßt, so macht man das Eisen der Schippen etwas gewölbt. Der damit Arbeitende steht dann ebenfalls im Graben. Dieselben Schwierigkeiten aber, welche mit dem Legen der Röhren für den unten Stehenden verbunden waren, treten auch bei dem Ausschippen ein. Man hat deshalb den Schippen ähnliche Eisen hakenförmig an langen Stielen befestigt, und besorgt mit diesen Kellen die Abgleichung und Reinigung der Grabenhöhle, auf der Grabenbord stehend, von oben her, kurz vor dem Legen der Röhren.

Die Röhren werden dicht aneinander gelegt, so daß die Stoßfugen zwischen denselben möglichst enge werden. Sie bleiben doch immer noch groß genug, um so viel Wasser, als die Röhre fassen kann, in den Drain eindringen zu lassen. Dabei müssen die etwas krumm getrockneten oder gebrannten so gelegt und gedreht werden, daß die Krümmung nach der Seite kommt, und daß sie möglichst genau an die vorhergehende Röhre heranpassen, d. h. daß die Fuge rund herum möglichst gleichmäßig eng wird. Diese Stoßfugen werden von Einigen mit Rasenstückchen oder, in Ermangelung solcher, mit Stroh, sogar mit feinem Strauch, wie er beim Beschneiden der Kreuzdornhecken abfällt, überdeckt, und dann erst wieder die ausgegrabene Erde darauf geworfen. Andere halten dies Bedecken der Fugen für eine überflüssige Arbeit, lassen die Erde unmittelbar auf die Röhren werfen, und nur in dem Falle Etwas darauf legen, wenn sie bei schlecht aneinander passenden Röhren ausnahmsweise weit gerathen sind. Ebenso werden auch die zu großen Fugen überdeckt, welche zuweilen bei dem Einsetzen der Saug- in die Sammeldrains entstehen. Andere wieder empfehlen statt einer jeden Ueberdeckung das Aufstreifen von Muffeln, und jetzt noch Andere das Aufdecken halber, d. h. der Länge nach durchgeschnittener Muffeln.

Verhältnisse im nördlichen Deutschland.

Vergleichen wir mit jenen Englischen unsere Verhältnisse, so stellen sich große Verschiedenheiten neben wenigem Aehnlichen heraus. Schon die Formation gehört einer anderen Epoche an. Wir haben es hier mit Diluvial-Boden zu thun. Ist die Oberfläche auch hügelig, hat auch manche Gegend eine große Aehnlichkeit mit England, so ist doch die Ablagerung des Bodens nichts weniger als regelmäßig, die Schichten liegen vielmehr in buntester Folge und Richtung wirr durcheinander, wie von heftig bewegtem Wasser untereinander geworfen.

Allein es wechseln hier, wie dort, undurchlassende Schichten mit anderen, das Wasser mehr oder weniger durchlassenden ab. Das Verhalten des Wassers im Boden ist daher hier auch ein ganz ähnliches, wie in England, und einzelne Landstriche bei uns haben eben so viel oder noch mehr von der Nässe und Kälte des Bodens zu leiden. Auch hier hat dieser kalte Boden dasselbe eigenthümliche Ansehen, dieselbe große Graswüchsigkeit, dieselbe röthliche oder ins Braune spielende Farbe der Grasnarben und die dunkle des geackerten Landes, die Binsen, das viele Unkraut zwischen dem Getreide, Täschelkraut, Windhalm, Trespe rc. im Raps, Weizen, Roggen u. dergl. m., und häufig mißräth darauf die Winterung trotz reichlicher Düngung und trotz der sorgfältigsten Bestellung ganz und gar.

So verschieden wie die Schichtung ist auch die Zusammensetzung des Bodens. Einen so strengen, fetten Thonboden wie den Englischen kennt man hier kaum dem Namen nach. Unser Lehm ist immer viel gröber an Korn, von viel größerem Sandgehalt, daher aber auch viel poröser. Ueberdies ist derselbe oft mit Sandadern durchzogen, ja sogar oft mit ganzen Sandschichten durchsetzt. Ebenso habe ich in England in den minder kultivirten Gegenden wohl noch Haidekraut u. dergl. m., aber keinen solchen Sandboden, weder warmen, noch so kalten, gesehen, wie er hier doch sehr häufig vorkommt.

Die Besitzungen, namentlich in den östlichen Provinzen, sind zum Theil sehr groß, die Felder weit, offen, nicht eingehegt, offene Gräben daher weniger hinderlich, das Hüten des weidenden Viehes gebräuchlich. Anlagen neuer offener Gräben sind etwas sehr Gewöhnliches, und die Durchführung derselben durch fremde Grundstücke zur Beschaffung nöthiger Vorfluth schon lange durch die Gesetzgebung erleichtert.

Eben so verschieden ist der Werth des Grund und Bodens und des Geldes. Während jener in England von bedeutender Höhe, dieses in Menge zu nicht hohen Zinsen zu haben ist, findet hier gerade das umgekehrte Verhältniß statt. Baar Geld zu Meliorationen ist sehr knapp, Grund und Boden nicht hoch im Preise, und es kann kaum in Betracht kommen, ob auf größeren Gütern ein paar Morgen mehr oder weniger vergraben werden. Hat aber die Englische Regierung auch bereits 47,000,000 Thaler zu Anleihen für solche Meliorationen, disponibel gemacht und auch damit die Sache gefördert, so hat die Preußische Regierung die großen Vortheile der Drainage einerseits vollständig würdigend, und die Schwierigkeit und Hindernisse solcher Unternehmungen andererseits wohl erkennend, dem hier noch neuen Gegenstande doch schon seit längerer Zeit besondere Aufmerksamkeit geschenkt. Sie hat Landwirthe und Techniker nach England geschickt, um an der Quelle das Drainiren sowohl, wie die Anfertigung der Drainröhren kennen zu lernen, Maschinen zum Pressen der Röhren angekauft, um sie hiesigen Fabrikanten zur Probe und als Muster zu überlassen, und es ist zu erwarten; daß dieselbe sowohl Geldmittel flüssig machen werde, um die Erlangung von Anlage-Capital zu erleichtern, als auch durch Erweiterung der Gesetze über die Vorfluth für drainirte oder zu drainirende Grundstücke es dem kleineren Grundbesitzer möglich machen werde, der Vortheile der Drainage theilhaftig zu werden.

Vortheile der Trockenlegung.

Die Vortheile der Trockenlegung der nassen Aecker liegen so nahe, daß sie hier nur ganz kurz angedeutet werden sollen. Ein trocken gelegter Acker ist zu jeder Zeit zugänglich, läßt sich also auch zu jeder Zeit bestellen.

Die Einsaat, vorzugsweise des Sommerkorns, braucht nicht mehr aufgeschoben zu werden, bis die Beschaffenheit des Ackers sie gestattet, sondern sie kann zur geeignetsten Zeit besorgt werden.

Die Temperatur des im Boden enthaltenen Wassers ist immer nur eine niedrige. Sie pflegt einige Grade höher oder niedriger zu sein, als die mittlere Temperatur der Gegend. Sie wird auf dieser geringen Höhe auch trotz der Erwärmung der obersten Bodenschicht durch warme Luft und Sonnenschein erhalten, nicht allein weil das Wasser, besonders wenn es von oben her erwärmt wird, ein schlechter Wärmeleiter ist, sondern weil die trotzdem eingedrungene Wärme durch die Verdunstung desselben auch immer wieder gebunden wird. Ja, die Absorbirung von Wärme kann durch Verdunstung und Ausstrahlung so bedeutend werden, daß die Früchte auf dem Felde erfrieren. Wird daher dies Wasser fortgeschafft, so wird dadurch der

Boden ebensowohl in der oberen Krume, als auch im Untergrunde wärmer.

Das im Boden vorhandene Wasser enthält oft bei ziemlich bedeutendem Kohlensäure-Gehalt eine Menge leicht löslicher Stoffe aufgelöst, welche eben ihrer Menge wegen auf die Pflanzen wie Gifte wirken, und deren Erkranken zur Folge haben, sobald ihre Wurzeln so tief hinabdringen, daß sie in das Wasser hineinreichen, wenn dasselbe durch irgend eine Veranlassung über sein früheres Niveau in die Höhe steigt. Der Boden wird gesunder.

Der Raum zwischen den Boden-Partikelchen, den das Wasser vor der Trockenlegung eingenommen, wird nach derselben durch Luft ausgefüllt. Der Zutritt der atmosphärischen Luft zu den Pflanzen-Wurzeln ist ein nothwendiges Erforderniß zu ihrem Gedeihen. Der Sauerstoff derselben ist nothwendig, die Zersetzung der Boden- und Dünger-Bestandtheile und deren Umwandlung in assimilirbare Pflanzen-Nahrungsmittel einzuleiten und zu befördern. Nach erfolgter Trockenlegung wird dies also auch in denjenigen Schichten geschehen, von denen die Luft früher durch die Gegenwart des Wassers fast ganz ausgeschlossen war. Der Boden wird tiefer.

In den tieferen Boden werden die Pflanzen-Wurzeln tiefer hinabgehen. Sie werden da eine neue Quelle von Nahrungsmitteln vorfinden. Die Pflanzen werden üppiger gedeihen. Allein diese Menge von Nahrungsstoffen ist in diesen vor der Trockenlegung mit Wasser durchdrungenen Schichten größtentheils durch wiederholte Düngungen früherer Jahre angehäuft, weil sie zwar in den Boden gebracht, jedoch den Pflanzen-Wurzeln eben durch Abschluß der Luft rc. unzugänglich war, oder wegen schädlicher Beimischungen nicht zusagte. Ist dieser Schatz durch Trockenlegung den Pflanzen zugänglich gemacht, so werden die ersteren Ernten besonders üppig gedeihen. Diese Ueppigkeit wird aber in einigen Jahren nachlassen und bei rationellem Betriebe in eine mehr normale Fruchtbarkeit übergehen, während bei aussaugender Wirthschaft vollständige Erschöpfung folgen muß. Es werden ähnliche Erscheinungen eintreten, wie nach dem Mergeln u. dergl. m., und man fängt in England schon an, dies durch die Erfahrung bestätigt zu finden.

Endlich producirt jeder nasse Boden eine Menge von Unkräutern, oft sogar von giftigen Pflanzen, welche fast gar nicht, oder nur mit unsäglicher Mühe und Arbeit zu vertilgen sind, immer aber die Bestellung, wegen der Nothwendigkeit öfteren Pflügens ꝛc. erschweren, und dazu eine verhältnißmäßig große Anspannung nöthig machen. Diese Pflanzen verschwinden nach der Trockenlegung, weil die zu ihrer Existenz nothwendigen Bedingungen nicht mehr vorhanden sind. Aber auch die auf dem entwässerten Boden erbauten Früchte werden besser, das Futter gesunder und wohlschmeckender, und darum auch dem Viehe angenehmer und gedeihlicher.

Offene Gräben oder Drains.

Diese Vortheile der Trockenlegung sind sehr einleuchtend und finden immer mehr und mehr allgemeine Anerkennung. In manchen Gegenden ist bereits sehr viel dafür geschehen, in anderen ist man noch eifrig mit Abgrabungen beschäftigt, und es ist gewiß nicht der geringste Nutzen der vielseitigen und wiederholten Besprechung der Drainage, daß die allgemeine Aufmerksamkeit auf diesen Punkt und vorzugsweise auf die Vortheile der tiefen Abgrabung immer wieder und wieder hingeleitet wird. Jetzt nur ist man noch vielfach darüber in Zweifel, ob den offenen Gräben oder der Drainage der Vorzug zu geben ist.

Der Beantwortung dieser Frage mögen einige Betrachtungen und die Erinnerung an manche, gewiß den meisten Landwirthen oft vorkommende Erscheinungen vorangehen. Sie wird sich dann vielleicht ganz von selbst ergeben.

Der Untergrund der nassen und kalten Ländereien besteht hier in der Regel aus einem Boden, welcher in größerer oder geringerer Tiefe Adern oder Schichten enthält, in denen sich zu Zeiten Wasser angesammelt hat, welches, sobald ihm durch Eingraben Luft gemacht ist, abfließt. Diese Schichten sind manchmal nur dünn, manchmal von bedeutender Mächtigkeit (ich habe schon beim Bohren selbst auf 25 Fuß Tiefe deren

Grund noch nicht erreichen konnten), und unter dem Namen Triebsand, Wellsand, Schlick u. s. w. bekannt. Mit dem Wasser läuft zugleich eine Menge von diesem Triebsand oder Schlick in die gegrabene Oeffnung. Der Boden über der ausgelaufenen Stelle wird hohl und stürzt entweder sogleich oder etwas später bei nassem Wetter nach. Dagegen schützt ein sehr breites Aufnehmen der Gräben etwas, allein niemals ganz, und macht doch die Anlage bedeutend theurer. Immer bleiben, selbst in diesem günstigsten Falle, beständige Reparaturen nöthig. Werden dieselben nicht auf der Stelle gemacht, so ist und bleibt der Graben eine Zeit lang, d. h. bis nach Ausführung derselben, mehr oder weniger unwirksam. Ich sagte vorher, im günstigsten Falle, denn ist die Triebsandschicht mächtig und steckt viel Wasser darin, ein Fall, welcher viel häufiger vorkommt, als man glaubt, so ist man gar nicht im Stande, zur Zeit über eine gewisse Tiefe in denselben hinein zu kommen. Man mag unten so viel herausnehmen, als man will, an die Stelle des so eben herausgenommenen ist augenblicklich anderer Boden von der Seite, selbst von unten herbeigetrieben, die Ufer stürzen nach, und die Gräben werden wohl breiter, aber nicht tiefer. Je mehr darin gerührt wird, desto flüssiger, dünner wird der Schlick 2c., und läßt sich zuletzt nur noch mit der Wurfschippe auswerfen.

Und doch wird eine größere Tiefe nothwendig, wenn der Graben so wirken soll, wie es verlangt werden kann und muß. Da hilft dann nur Zeit und Ausdauer. Der Triebsand oder Schlick pflegt nämlich so weit abzulaufen, d. h. vom Wasser frei und trocken zu werden, und dann auch zu stehen, als ein Graben in denselben einschneidet. Ist dies geschehen, dann kann man wieder etwas tiefer hineingraben. Das Vertiefen eines solchen Grabens kann daher nur immer nach Verlauf einer gewissen Zeit wieder vorgenommen werden, und es geht namentlich deshalb langsam, weil derselbe wegen des Nachfallens der Ufer und des Eintreibens von Sand 2c. niemals längere Zeit ganz so tief bleibt, als er zuerst aufgenommen ist, das Wasser also nicht einmal so tief absacken kann. Man muß jedesmal mit einigen Zollen sich begnügen und den ganzen Effekt mit Zeit und Geld theuer bezahlen.

Jedenfalls treten diese Uebelstände, wenn auch in etwas geringerem Maaße, nach einem jeden kalten Winter wieder ein und machen wiederholte Reparaturen und Räumungen nöthig. Das Wasser versinkt in dem nassen Boden nicht nach unten, sondern nach der Seite, schwitzt aus den Grabenborten aus, und gelangt so zum Abfließen. Das setzt aber voraus, daß die Grabenborten durchlassend sind. Gefriert bei anhaltendem Frost dies ausschwitzende Wasser, so hört natürlich die Durchlässigkeit der Grabenwände auf, der Abfluß des Wassers ist gehemmt, und dasselbe staut sich im Boden in die Höhe. Thaut dann im Frühjahr das Eis auf, so stürzt aus den mit einem Male wieder durchlassend gewordenen Grabenwänden das Wasser mit eben so großer Heftigkeit hervor, wie bei der ersten Anfertigung der Gräben, dasselbe Nachfallen der Ufer wiederholt sich, so weit nicht etwa die Wurzeln der darauf mit der Zeit gewachsenen Pflanzen den Boden festzuhalten vermögen.

Man übersieht hiernach sehr leicht, daß offene Gräben in einem solchen Boden nur mit Mühe und Kosten wirksam gemacht und erhalten werden können. Denkt man sich aber mit der unvollkommenen Wirkung des einzelnen Grabens begnügen zu können, hofft man durch eine größere Zahl flacherer Gräben zu demselben Ziele zu gelangen, so irrt man gewöhnlich. Man erreicht den Zweck selten vollständig, erschwert sich die Bestellung in hohem Grade und muß schließlich doch noch mit Wasserfurchen und ähnlichen Palliativ-Mitteln zu Hülfe kommen. Die Kosten werden immer größer und der Ertrag vom Boden ist und bleibt — unsicher. Vielfältige Beweise für diese Auseinandersetzungen kennt jeder Landwirth.

Die Anlage von Drains in solchem Boden hat allerdings ganz ähnliche Schwierigkeiten, sie wird dadurch gleichfalls vertheuert, allein man erreicht damit doch schneller und gründlicher seinen Zweck, und mit geringeren Kosten, als mit offenen Gräben. Im schlimmsten Falle, d. h. wenn man des treibenden Bodens wegen nicht mit einem Male bis zur genügenden Tiefe hinuntergraben kann, wird der Draingraben zuerst so tief zu machen sein, als möglich. Da derselbe nur schmal wird, ist nur wenig Erde, und diese gewöhnlich nicht schwer auszuwerfen. Dazu wird nur eine kurze Zeit nöthig sein. Wenn dann die Grabenwände auch unten zu fließen anfangen, so lassen sie sich manchmal durch Absteifen so lange halten, als nöthig wird. Gelingt das nicht, fallen auch wirklich einzelne Stellen nach, so ist die wenige hineingefallene Erde kurz vor dem Legen der Röhren bald wieder herausgeschafft. Die Röhren werden dann gelegt und nur so weit mit Erde bedeckt, daß sie sich nicht verschieben, wenn wirklich Etwas nachfallen sollte. Geschieht dies später dann auch, so wird, da darunter die offenen Röhren liegen, der Abfluß des Wassers in der zuerst gewonnenen, augenblicklich der größtmöglichsten Tiefe nicht mehr gestört. Der Schlick oder Sand kann also auch so weit absacken. Ist dies erreicht, so läßt man die Röhren herausnehmen, den Graben vertiefen und legt dieselben Röhren zum zweiten, nöthigenfalls später sogar noch zum dritten Male. Daß man zu solcher Arbeit die trockenste Jahreszeit benutzen wird, versteht sich wohl von selbst.

Liegen die Röhren aber einmal tief genug, so bleiben sie auch im Winter trotz der größten Kälte offen und lassen das Wasser im Boden nicht weit über ihr Niveau steigen. Die vielen und sich immer wiederholenden Reparaturen hören auf, der Abfluß des Wassers wird regelmäßiger und sicherer, und die Anlagekosten werden geringer, wenn Drains statt offener Gräben angewendet werden.

Galt die obige Beweisführung auch nur für den ungünstigsten Boden, so ist das daraus abgeleitete Resultat, freilich im entsprechenden Verhältniß, für die Trockenlegung eines jeden nassen Bodens eben so gültig.

Hieran schließt sich die zweite Frage: wodurch ist die Vorfluth für Drains zu schaffen? Die Beantwortung derselben ist schon einfacher. Muß der Vorfluthgraben durch nassen, kalten Boden geführt werden, so wird ein Haupt- oder Sammeldrain vor einem offenen Graben den Vorzug verdienen. Nur durch warmen, trocknen Boden geführte Gräben können in ihrer

Wirkung eben so sicher sein, als Drains, und in diesem Falle kommt es allein auf den Kostenpunkt und ähnliche Verhältnisse an, welcher von beiden angelegt werden soll.

Ursachen der Kälte des Bodens.

Die nächste Ursache der Kälte des Bodens ist immer Wasser, welches zu Zeiten die Zwischenräume zwischen den Bodenpartikelchen ausfüllt. Der schließliche Ursprung des auf dem Lande vorkommenden Wassers läßt sich auf die atmosphärischen Niederschläge zurückführen. Ungefähr drei Viertheile dieses Wassers verdunsten in unseren Gegenden, das übrige wird auf anderem Wege abgeführt, und zwar fließt ein Theil bei heftigen Regengüssen, beim Aufthauen des Schnees u. s. w. über der Erdoberfläche den Niederungen zu, der andere größere Theil versinkt je nach der Durchlässigkeit des Bodens langsamer oder schneller in der Erde.

Liegt der Boden sehr flach, bildet derselbe große Ebenen, so wird weniger über die Oberfläche fort- und abfließen können, als bei sehr abhängiger Lage. Sehr viel wird in denselben eindringen müssen, und das um so langsamer, je bindiger und je thoniger er ist, es wird denselben tief erweichen. Man nimmt an, daß dies Erweichen in nassen Jahren selbst bis auf 4 Fuß Tiefe stattfinden kann. Bei der großen Verwandtschaft des Thons zum Wasser hält derselbe es aber auch lange fest, und wenngleich ein solcher Boden auch hier mit einer Menge feiner Spalten und Risse durchzogen ist, so fehlt diesen doch unten immer der Abfluß. Die Entfernung dieses Wassers ist rein von der Verdunstung abhängig. Da diese im Winter beinahe gleich Null, erst im Frühjahr in der nöthigen Stärke einzutreten pflegt, so ist die Folge davon, daß ein solcher Boden immer erst spät, oft zu spät zu bestellen ist. Dazu kommt, daß er bei großer Erweichung sehr ineinander schwimmt, dann sehr fest wird, und eine besonders sorgfältige Beackerung nöthig macht. Diese Nässe muß schneller fortgeschafft, und ein genügendes Austrocknen von der Verdunstung unabhängig gemacht werden. Ein Austrocknen, wie es die Engländer erstreben, daß nämlich die Turnipsfelder auch im Winter und ersten Frühjahr von dem Vieh beweidet werden können, ist bei uns nicht nothwendig, wahrscheinlich in schwerem Thonboden auch gar nicht zu erreichen.

Ist der Boden in seinen oberen Schichten sandiger, durchlassender, so versinkt das Wasser darin schon schneller. Es kann indessen, wenn ein undurchlassender Untergrund in geringer Tiefe unter der Oberfläche steht, für den Acker ebenfalls noch schädlich sein, selbst wenn es sich in der wärmeren Jahreszeit mehr verliert, oder durch besonders gute Qualität auf das Wachsen der Weide- und Wiesenpflanzen sogar einen günstigen Einfluß ausübt.

Liegt die undurchlassende Bodenschicht aber so tief, daß das bis auf dieselbe hinabgesunkene Wasser den darauf kultivirten Pflanzen in keiner Weise nachtheilig wird, so ist der Boden warm und trocken.

Das versunkene Wasser bleibt indessen auf der undurchlassenden Schicht nicht stehen, sondern folgt der Neigung derselben und fließt in schmalen Streifen oder in breiter Fläche, den Formationen derselben entsprechend, darauf langsam fort, den Niederungen zu. Kommt nun jene undurchlassende Schicht und das darauf fließende Wasser an einer Stelle der Oberfläche des Bodens wieder näher, so tritt dasselbe in diesem Falle als **Grundwasser** auf. Kommt es dagegen an einzelnen bestimmten Stellen wirklich zu Tage, so bildet es **Quellen**.

Jenes Grundwasser, eingeschlossen zwischen zwei undurchlassende Schichten, giebt, wenn die obere durchgebohrt wird, springende Quellen und artesische Brunnen. Liegt aber nur durchlassender Boden nicht allzu hoch darüber, so wird es in sehr vielen, wenn nicht in den meisten Fällen die alleinige Ursache der Kälte des darüber liegenden Ackers. Seinen Hauptfluß hat dasselbe gewöhnlich in den oben beschriebenen Trieb- sand- und Schlicklagern. Diese bilden aber in der Regel nur den unteren Theil des unterirdischen Wasserlaufes. Das Wasser durchdringt auch die darüber liegenden Erdschichten, wenn das Querprofil jener Sandschicht 2c. für die Wassermenge zu klein, der Druck von oben her groß genug ist, und diese Erdschichten hinreichend durchlassend sind. Es nimmt im Boden also eine gewisse Höhe ein, bildet darin gewissermaßen einen unterirdischen Wasserspiegel. Derselbe steigt und fällt, abhängig vom Zu- und Abfluß. Das Wasser steigt aber noch über dies eigentliche Niveau durch Capillarität in die Höhe, welche nach dem Aggregatzustande ꝛc. wieder sehr verschieden und in mancher Bodenart sehr bedeutend wirkt *).

Oft liegt solches Grundwasser in mehreren Bodenschichten über einander.

Ist Grundwasser die alleinige Ursache der Kälte des Bodens, so wird diese sogleich gehoben, wenn dasselbe fortgeschafft wird. Die Drainage in einem solchen Boden hat also diese Aufgabe, und sie wird am leichtesten gelöst werden, wenn man das von Pogge beim Abgraben von Quellen schon früher angewendete Prinzip für diesen Zweck etwas modificirt anwendet. —

Ausführung der Drainage.

Aus den obigen Auseinandersetzungen geht Zweierlei hervor:

1) daß wir uns die Englischen Drainagen nicht überall zum Muster nehmen dürfen und
2) daß die Verhältnisse bei uns in mancher Beziehung ungleich günstiger sind;

jenes, weil in England das System der Drainage überhaupt noch gar nicht zum Abschluß gebracht und die Anlage ganz nach dortiger Weise zu kostbar, dies, weil unser Boden im Allgemeinen viel durchlassender ist. Sind dadurch Abweichungen von dem Englischen Verfahren auch gewiß gerechtfertigt, so ge-

*) Die Verdunstung des durch die Haarröhrchenkraft in die Höhe gestiegenen Wassers ist in seiner Wirkung einem vermehrten Abfluß ähnlich. Wird dieselbe unterbrochen, z. B. durch einen leichten Regen, welcher aber lange nicht so viel Wasser giebt, daß nur die Ackerkrume, geschweige der ganze über den Drains liegende Boden davon durchdrungen werde, ja selbst nur durch feuchte Luft, so laufen nach einiger Zeit die Drains stärker. Sie geben aber dann nicht, wie gewöhnlich angenommen wird, durchgesacktes Regenwasser, sondern jenes Grundwasser aus.

hören doch zur Feststellung des Besseren noch Versuche und Erfahrungen. Solche Versuche werden aber, wenn sie in möglichst kürzester Zeit zum Ziele führen sollen, in einer Weise angestellt werden müssen, daß sie nicht von vorn herein schon die Bedingungen des Mißlingens enthalten. In dem Folgenden möchte ich deshalb auf einige wesentliche Punkte aufmerksam machen.

Verlangt wird auf der einen Seite Sicherheit des Effekts, auf der anderen größtmöglichste Billigkeit. Jene wird erreicht durch gründliche Fortschaffung des überflüssigen und darum schädlichen Wassers, und durch Einrichtungen, welche die möglichste Gewähr für das Offenbleiben der Röhren gewähren, diese durch die geringste Zahl von Drains, und Anwendung nicht zu weiter und darum zu kostbarer Röhren. Daß hierbei auf die Bewegung des Wassers in Röhrleitungen und auf die Gesetze der Hydrostatik Rücksicht genommen werden muß, versteht sich wohl von selbst.

Wo ist die Drainage anwendbar und nothwendig?

Warmer, trockener Boden hat in seinem trockenen und durchlassenden Untergrunde schon eine so allgemeine natürliche Drainirung, daß die Kunst schwerlich etwas Nützliches wird hinzu thun können. Empfehlungen solcher Anlagen, wie sie von England aus wohl auch gemacht werden, sind mit großer Vorsicht aufzunehmen.

Eben so wenig eignen sich nasse Terrains, welche bei flacher Lage und geringem Gefälle keine Vorfluth haben, denen auch diese Vorfluth nicht auf irgend eine Weise zu schaffen ist, zur Drainage. Ihnen ist nur durch offene Gräben zu helfen.

Nasser, kalter Boden dagegen, welcher genügende Vorfluth hat, oder dem sie auf 3, oder noch besser auf 4 Fuß geschafft werden kann, eignet sich um so mehr zum Drainiren, je mehr Grundwasser derselbe hat, und in je mächtigeren Triebsandschichten dasselbe sich findet, oder je thoniger und undurchlassender der Untergrund unmittelbar unter der Ackerkrume ist. Belehrt auch den Landwirth schon seine eigene Erfahrung, den Techniker gewisse Zeichen, wie Pflanzen, Farbe des Bodens 2c.

von der Nothwendigkeit der Trockenlegung im Allgemeinen, so wird eine Boden-Untersuchung noch genaueren Aufschluß darüber geben können. Sie wird gleichzeitig auf die Erkenntniß der Ursachen der Nässe führen, ob Grundwasser oder die Undurchlässigkeit die Veranlassung sei, und dadurch später die sichersten Mittel zur Beseitigung derselben an die Hand geben. —

Diese Untersuchung geschieht am besten und sichersten durch gegrabene Probelöcher, welche namentlich, wenn Grundwasser zu erwarten ist, weniger in den Niederungen, als an höheren Punkten in der Nähe der Grenzen der nassen Stellen zu machen sind. Ohne große Mühe wird man 5 bis 6 Fuß tief in den Boden hineingraben lassen können, darf sich aber sehr oft dabei noch nicht beruhigen, sondern muß außerdem 4 bis 5 Fuß tief bohren lassen, denn oft findet sich die eigentlich Wasser führende Schicht, von der aus dasselbe den darüber liegenden Boden durchdringt und naß macht, erst in so bedeutender Tiefe. Im Falle des Vorhandenseins von Grundwasser trifft man dann in größerer oder geringerer Tiefe in der Regel auf eine weiche und nasse Erdschicht, aus der dasselbe ziemlich stark hervorfließt, während es aus dem darüber liegenden Boden nur ganz allmälig herausschwitzt, zuweilen auch mehrere solche Schichten über einander. Es gehört etwas Erfahrung dazu, zu erkennen, welches die schlimmste, wasserreichste ist. In diesem Loche steigt das Wasser nach und nach bis zu einer bestimmten Höhe unter der Oberfläche an, in der es stehen bleibt, und nur noch mit dem Wechsel der Witterung steigt und fällt. Bei anhaltend nassem Wetter werden die Löcher in recht kaltem Boden oft ganz voll, ja sie laufen zuweilen sogar über, ohne daß Tagewasser von oben hineingekommen wäre. Aus der Höhe dieses Wasserstandes kann mit großer Sicherheit auf die Nützlichkeit und Nothwendigkeit der Drainage geschlossen werden. Steht nämlich das Wasser zu der Zeit, wenn auf dem Felde im Herbst oder Frühjahr der Regel nach gearbeitet werden sollte, noch 3 Fuß unter der Oberfläche, so dürfte die Drainage wünschenswerth, steht es näher derselben, so dürfte sie nothwendig erscheinen. Sie wird um so nothwendiger, je weniger Pflanzen-Nahrungsstoffe, oder je mehr dem Wachsthum schädliche Bestandtheile dies Grundwasser enthält.

Tiefe der Drains.

Findet sich das Grundwasser in solcher Weise im Boden, so richtet sich danach die Tiefe der Drains, vorausgesetzt nämlich, daß auch genügende Vorfluth vorhanden, oder auf irgend eine Weise zu schaffen ist.

Dieselben werden unstreitig am wirksamsten sein, wenn man sie in den festen Untergrund unter die Wasser haltende Schicht legen kann. Sie werden dann nicht allein das Aufsteigen des Wassers über dieselbe durch deren vermehrten Abfluß verhüten, sondern sie werden diese Schicht selbst in einen Drain verwandeln, so weit sie derselben (vermöge der Dimensionen der Röhren) Wasser zu entziehen im Stande sind. Es ist leicht ersichtlich, daß auf diese Weise zur vollständigen Trockenlegung die möglichst wenigsten Drains erforderlich sind.

Ist dagegen die Schlick- oder Triebsandschicht so mächtig, daß das Durchgraben derselben unmöglich wird, so muß man doch so tief, als irgend möglich, in dieselbe einzudringen suchen, selbst auf die Gefahr hin, daß die Grabenwände stellenweise nachstürzen, ja, daß man, wie oben beschrieben, die Röhren 2, selbst 3 Mal legen muß. Ein Drain, 3 Mal gelegt, ist immer noch billiger, als 3 Drains. Geht man nicht so tief mit den Röhren hinab, sondern bleibt man mit der Grabensohle über der das eigentlich schädliche Wasser führenden Schicht, so hat man gar keine Sicherheit, daß das Grundwasser nicht trotz der Drains zwischen, selbst dicht neben den Röhrensträngen hoch in die Höhe steigt und den Boden naß erhält.

Sollte sich aber auch das Wasser in geringerer Tiefe finden, die Tiefe der Drains wird nicht weniger betragen dürfen, als 4 Fuß, sie wird aber oft weit größer, ja bei stark ansteigendem Terrain nach der Höhe zu bis 9 Fuß und darüber betragen müssen. Das von P o g g e zuerst bei der Abgrabung von Quellen angewendete Verfahren, dieselben in den Berg hinein zu verfolgen, und je höher der letztere wird, desto tiefer den Graben zu machen, von dem derselbe die merkwürdigsten Resultate gehabt, wobei durch einen auf der einen Seite der Höhe aufgenommenen Graben, Grundstücke auf der andern Seite derselben trocken gelegt sind, habe ich selbst oft und mit vielem Erfolge ausgeführt, und ich habe die feste Ueberzeugung, daß dasselbe beim Drainiren noch zu glänzenderen Erfolgen führen wird, als beim Aufgraben von Quellen.

Hat aber der Boden kein Grundwasser, sondern besteht derselbe nur aus sehr strengem Lehm oder Thon, so werden nach der Angabe und dem Beispiele des Mstr. Parks die Drains 4 Fuß tief gemacht werden müssen, weil auf das Urtheil und die vielseitige Erfahrung eines solchen Technikers am Ende immer mehr Vertrauen zu setzen ist, als auf die einseitigen Angaben der gewiß weniger umsichtigen Farmer.

Entfernung der Drains.

Gehen zwei Drains parallel, so soll ein jeder derselben bis auf die Mitte des Zwischenraumes zwischen beiden wirken. Es wird sich da gewissermaßen eine Wasserscheide bilden müssen, von der aus das Wasser nach jeder Seite bis zur Drainröhre hin abfließt. Dazu ist Gefälle nöthig. Dasselbe muß um so größer werden, je feiner der Aggregatzustand des Bodens und je thoniger derselbe ist, weil mit dem Zunehmen des Widerstandes bei der Bewegung des Wassers durch Vermehrung der Berührungsflächen und der Capillarität, und bei dem Bestreben des Thons, das Wasser festzuhalten, eine größere Kraft, hier ein höherer Druck nöthig wird, dasselbe weiter zu schieben, zum Fließen zu bringen. Es wird die Wasserscheide also um so höher im Verhältniß zur Drainröhre, um so näher der Oberfläche liegen je feiner und thoniger der Untergrund. Das umgekehrte Verhältniß wird stattfinden, wenn der letztere mehr sandig, grobkörnig, also durchlassender ist. Sie wird dann erst in einer größeren Entfernung von der Röhre eben so hoch liegen, als jene. Nimmt man nun an, daß das Wasser auch auf dieser Wasserscheide eine gewisse Tiefe unter der Oberfläche des Ackers haben müsse, wenn nicht ein Theil des Feldes doch noch naß bleiben soll, so folgt daraus, daß bei gleicher Tiefe der Drains die Entfernung derselben von einander um so größer sein kann, je sandiger und durchlassender der Untergrund ist. Ebenso folgt ferner daraus, daß, je tiefer die Drains gemacht werden, sie auch verhältnißmäßig desto weiter auseinander gelegt werden dürfen.

Legt man nun die Erfahrungen des Mstr. Parks weiteren Schlüssen zu Grunde, so wird man ziemlich sicher sein, der Wahrheit nahe zu kommen. Derselbe hat beobachtet, daß bei recht strengem thonigen Boden eine Entfernung von 30 Fuß bei 4 Fuß Tiefe der Drains nicht zu groß sei. Halten wir unsern Lehmboden dagegen, so ist der Unterschied so bedeutend, daß es keinen Augenblick zweifelhaft ist, daß sie hier viel weiter, wahrscheinlich 4 Ruthen ans einander gelegt werden dürfen. Die Entfernung würde bei Lehmboden also auf jeden Fuß Tiefe 1 Ruthe betragen. Je sandiger der Boden ist, und je tiefer der undurchlassende Untergrund steht, desto mehr wird diese Entfernung vergrößert werden können. Vielfach wird es Ländereien mit einem kalten Sandboden geben, auf welchem wir gewiß mit 1½ Ruthen auf jeden Fuß Tiefe, vielleicht sogar mit 2 Ruthen Entfernung ausreichen, wo wir also 5 Fuß tiefe Drains 7½ bis 10 Ruthen aus einander legen können. Das können zwar noch keine bestimmte Regeln sein, allein es sind Wahrscheinlichkeits-Rechnungen, von denen man ausgehen muß, wenn man bald zu wirklichen Erfahrungen gelangen soll. Es ist aber gerade die Bestimmung der zulässigen Entfernung einer der auf die Anlagekosten den meisten Einfluß habenden Punkte, denn, wie schon oben bewiesen, steigt der Preis pro Morgen mit dem Näherrücken der Drains sehr bedeutend, er steht beinahe in dem umgekehrten Verhältniß, wie die Entferung derselben von einander.

Form und Gefälle der Röhren.

Die Sicherheit des Erfolges und die Billigkeit der Anlagen wird ferner bedingt durch die Anwendung zweckentsprechender, d. h. nicht zu weiter, aber auch nicht zu enger Röhren. Es ist schon früher auf die bedeutende Steigerung des Preises für dieselben bei zunehmendem Durchmesser aufmerksam gemacht. Die Anwendung zu weiter Röhren kann daher eine nicht unbeachtenswerthe, weil unnöthige, Mehrausgabe veranlassen. Aber auch die Sicherheit der Anlage gewinnt dadurch nicht allein nicht, sondern es können viel leichter Verstopfungen eintreten, als bei Anwendung passender Röhren. Das, was eine Verstopfung gewöhnlich am ehesten veranlassen kann, ist eingetriebener Sand, und dessen Eindringen oft nicht zu vermeiden. In einem richtig konstruirten Drain muß das fließende Wasser die Kraft haben, den etwa eingedrungenen Sand wieder fortzuschwemmen. Die größtmöglichste Kraft übt aber das Wasser nicht in einer zu großen, sondern in einer gerade passenden Röhre aus. Um sie ausüben zu können, ist eine gewisse Geschwindigkeit des fließenden Wassers nöthig, welche durch die Form und Größe des Querschnittes und durch das Gefälle bedingt wird.

Unter den verschiedenen Figuren des Querschnittes ist nach den Regeln der Hydrostatik diejenige die beste und zweckmäßigste, welche bei dem größten Flächeninhalt den geringsten Umfang hat, weil dann das Wasser die geringste Friktion an den Wandungen zu überwinden hat. Das ist der Kreis. Es ist daher beinahe unerklärlich, wie man jetzt, seitdem mit den Drainröhren-Maschinen jede beliebige Form mit gleicher Leichtigkeit dargestellt werden kann, sich noch mit anderen Formen abquälen kann. Die runden Röhren sind die besten. Es ist aber keine Verbesserung, wenn diese runden Röhren Sohlen, Rippen oder Lappen bekommen, da dadurch eine ganz bestimmte Lage derselben bedingt wird. Die Röhren ziehen sich aber beim Trocknen mehr oder weniger, der Abschnitt fällt nicht immer durchaus winkelrecht, sie können deshalb in dem Graben nur selten so gelegt werden, wie sie liegen sollen, daß nämlich der obere Theil, wenn er aus der Maschine tritt, wieder nach oben kommt, sondern nur so, wie sie am besten an einander passen. —

Je größer der Flächeninhalt des Querschnittes, desto größer ist bei gleichem Gefälle die Geschwindigkeit des in der Röhre fließenden Wassers. Mit anderen Worten, eine enge Röhre bedarf eines viel stärkeren Gefälles, als eine weite, wenn das Wasser in beiden mit einer gleichen Geschwindigkeit abgeführt werden soll, es hat z. B. in einer 1zölligen Röhre bei 4 Fuß Gefälle auf 100 Ruthen nur eine eben so große, d. h. $\frac{3}{4}$ Fuß Geschwindigkeit in einer Secunde, als eine 6zöllige Röhre bei 8 Zoll Gefälle auf dieselbe Länge.

Diese Geschwindigkeit läßt sich nach den hydrostatischen Gesetzen, welche über die Bewegung des Wassers in Röhrleitungen bekannt sind, bei runden Röhren aus dem Durchmesser und dem Gefälle berechnen. Dabei wird aber vorausgesetzt, daß die zur Leitung benutzten Röhren überall gleich weit und gerade sind. Weder das Eine, noch das Andere ist bei den mit Maschinen gemachten Drainröhren, welche vor allen Dingen möglichst billigst hergestellt werden müssen, und daher niemals mit der dazu nöthigen Sorgfalt gearbeitet sein können, zu erreichen. Sie sind niemals im Querprofil einander ganz gleich, und die einzelnen 1 Fuß langen Röhren häufig beim Trocknen oder Brennen krumm geworden. Daher kann auch der zusammengesetzte ganze Röhrstrang nicht so akkurat gelegt werden, daß nicht vielfache Unregelmäßigkeiten in der Form und Richtung der inneren Röhre vorkommen sollten. Man kann aber deshalb auch nur einen aliquoten Theil der theoretisch berechneten als wirkliche Geschwindigkeit annehmen, z. B. da, wo die Rechnung $\frac{3}{4}$ Fuß pro Secunde ergab nur $\frac{1}{2}$ Fuß als wirkliche Geschwindigkeit. Hält man nun $\frac{1}{2}$ Fuß pro Secunde für die geringste, nothwendige Geschwindigkeit, um dem Wasser die Kraft zu geben, welche nöthig ist, den eingedrungenen Sand wieder hinauszuschwemmen, so ergiebt sich als das geringste zulässige Gefälle für

1zöllige	Röhren	4 Fuß	auf	100	Ruthen,	
$1\frac{1}{2}$ "	"	3 "	"	100	"	
2 "	"	2 "	"	100	"	
3 "	"	$1\frac{1}{2}$ "	"	100	"	
6 "	"	8 Zoll	"	100	"	u. s. w.

Ein geringeres Gefälle, als dies vorstehende, würde dann entschieden fehlerhaft sein, weil dabei die Wahrscheinlichkeit einer Verstopfung näher läge, ein größeres jedoch durchaus nicht schaden. Da wo der Boden ein so großes natürliches Gefälle nicht hat, muß dasselbe künstlich hervorgebracht werden. Man wird zu dem Ende die Gräben auf dem einen Ende nur so viel tiefer zu machen haben, als auf dem andern.

Bestimmung der abzuleitenden Wassermenge.

Aus dem Querprofil und der Geschwindigkeit läßt sich die Wassermenge berechnen, welche eine Röhre von einer bestimmten Weite abzuführen vermag, und umgekehrt, aus der Wassermenge und dem Gefälle und der dadurch bedingten Geschwindigkeit die Weite der Röhre bestimmen, welche diese Wassermenge in einer gewissen Zeiteinheit, in 1 Secunde ausgeben kann.

Die Bestimmung der Wassermenge, welche von der durch einen Drain trocken zu legenden Fläche in einer bestimmten Zeit abfließen soll, in Zahlen, scheint schon im ersten Augenblick große Schwierigkeiten zu haben. Auch bei näherem Eingehen in die Sache werden dieselben keineswegs geringer. Ein Anhalt muß indessen geschaffen werden, wenn man bei der Bestimmung der Weite der nöthigen Röhren nicht vollständig im Dunkeln tappen soll. **A priori** läßt sich eben so wenig schon mit Gewißheit Etwas bestimmen, als über die zulässig weiteste Entfernung der Drains und auch hierbei müssen erst Versuche zu Erfahrungen führen. Dabei dürften folgende Rücksichten maßgebend sein.

Die Menge des atmosphärischen Niederschlags ist zu verschiedenen Zeiten sehr verschieden, es stellt sich aber die mittlere Durchschnittszahl pro Jahr ziemlich gleichmäßig heraus. Für den vorgesetzten Zweck nutzt diese Zahl aber nichts, denn es kommt nicht darauf an, die gefallene Regenmenge des ganzen Jahres allmälig abzuführen, wobei auch die Verdunstung während dieser ganzen Zeit sehr bedeutend helfen würde, wodurch aber der bisherige Zustand wenig oder eigentlich gar nicht verändert wäre, sondern vielmehr den Theil derselben, welcher im Herbst, Winter und Frühjahr, wo eine nur sehr geringe Verdunstung stattfindet, fortgeschafft werden muß, und dessen Entfernung eben nur durch die Drains geschehen kann. Unser Klima kommt uns dabei häufig zu Hülfe, wenn nämlich der gefrorne Boden einen großen Theil des Schnee- und Regenwassers nicht eindringen läßt. Allein der dazu nöthige Frost tritt nicht alle Winter ein, und gerade in den weichen, gelinden Wintern ist die Gefahr des Ausfaulens starker Saaten am größten, also ist darauf durchaus nicht zu rechnen.

Von der anderen Seite betrachtet, scheint es aber auch wieder nicht nöthig, dafür zu sorgen, daß ein ungewöhnlich starker Niederschlag, wie er ausnahmsweise bei heftigen Gewittern wohl vorkommt, und von welchem gewöhnlich ein großer Theil, der in der kurzen Zeit nicht einmal in die Erde eindringen kann, über die Oberfläche fort als Tagewasser abläuft, in eben so kurzer Zeit durch die Drains abgeführt werden könne. Eine Anlage, welche den Boden in einem so hohen Grade durchlassend machte, dürfte im Gegentheil gefährlich, und Veranlassung werden, daß das schnell durch den Boden durchgedrungene Wasser zu viele der leicht löslichen Bestandtheile des Düngers und Bodens mit fortnehmen, überhaupt einen Zustand herbeiführen würde, welcher an manchen Bodenarten mit Recht sehr getadelt wird.

Schon näher kommen wir einem bestimmten Resultate, wenn wir auf die Regenmenge ꝛc. zurückgehen, welche in einem Monate fällt, und zwar nicht auf eine Durchschnittsmenge, sondern, wenn wir nach der greifen, welche in den Herbst-, Winter- und Frühjahrsmonaten, also in der Zeit, wo die Verdunstung den Drains nicht zu Hülfe kommen kann, als eine der größten beobachtet worden ist. Diese Regenmenge ist indessen auf die verschiedenen Tage des Monats auch verschieden vertheilt. Es würde die Anlage nicht den zu erwartenden Nutzen gewähren, wenn die Abführung des Monats-Wassers auch eben so lange Zeit dauerte, denn es kommt auf die Zeit, in welcher die Pflanzen in dem nassen Boden stehen, ebenfalls viel an, und da möchte doch die Dauer von mehreren Wochen unter Umständen den Pflanzen wirklich nachtheilig sein. Die Wassermasse muß also in einer kürzeren Zeit abfließen können. Andererseits braucht dieselbe aber auch wieder der nicht gleich zu sein, in welcher der Regen fällt. Das Wasser wird sich, wenn die Drains nicht so groß sind, daß sie es sofort wegbringen können, in den nächsten Schichten über den Drains ansammeln. Diese bilden gleichsam ein Reservoir, in welchem es sich in die Höhe staut.

Liegen dann die Drains zu flach, so kann allerdings die der Oberfläche des Ackers zu große Nähe des Wasserspiegels dieses Reservoirs den Pflanzen wohl schaden. Weniger entsteht diese Gefahr bei tieferer Lage der Röhren. In dieser Beziehung nicht allein werden also die tieferen Drains einen sicheren Nutzen gewähren, sondern es werden auch engere Röhren, d. h. Röhren von einem geringeren Durchmesser dazu gebraucht werden können, als zu den flacheren. Bei gleichem Erfolge wird auf diese Weise wieder an Anlage-Capital gespart werden können.

Die Röhren werden ferner, wenn sie so vollständig unter dem umgebenden Wasserspiegel liegen, und der Druck des darüber in einer gewissen Höhe stehenden Wassers mitwirkt, voll oder doch beinahe voll laufen, und zwar wird das Wasser darin mit der größtmöglichsten Schnelligkeit fließen. Diese Geschwindigkeit, verbunden mit der Ausfüllung des Profils, wird dem Wasser die größtmöglichste Kraft verleihen, allen Sand ꝛc., welcher hineingetrieben ist, und bei wenigerem Wasser in den Röhren sich abgelagert hat, oder der vermöge jenes Druckes bei starkem Wasserandrang mit hineintreibt, hinauszuschwemmen und die Röhren zu reinigen.

Es kommt nun nur noch darauf an, die Wassermenge, welche somit muß abgeführt werden können, in Zahlen zu bestimmen. Hierbei werden außer jenen obigen Rücksichten noch einige Messungen des aus Drains von einer bestimmten Fläche abfließenden Wassers zu Hülfe genommen werden können, die, wenn sie auch noch vereinzelt dastehen, doch schon eine gewisse Bestätigung jener Annahmen gewähren. Der Regenfall eines der oben genannten Monate steigt bis zu 4, ausnahmsweise in sehr selten nassen Herbsten bis 5 Zoll, d. h. die ganze Erdoberfläche würde so hoch mit Wasser bedeckt sein, wenn es nicht abliefe und versänke. Sollte diese Wassermenge in $\frac{1}{2}$ Monat abgeführt werden, so würde an jedem Tage $\frac{1}{4}$ Zoll Höhe davon abfließen müssen, oder 0,00625 Cubikfuß in jeder Secunde von 1 Morgen Fläche. Die Messungen haben ergeben, daß die Menge des abfließenden Wassers von 10 Morgen in jeder Secunde im November 1850 bei abwechselnd nassem und trocknem Wetter 0,02 Cubikfuß betrug und bis 0,08 Cubikfuß nach anhaltend starkem Regen stieg. Dies Maximum war aber nach 24 Stunden schon wieder bis auf 0,04 Cubikfuß in der Secunde herabgesunken. Es erscheint dabei fraglich, ob es nicht vortheilhafter gewesen wäre, wenn das Wasser etwas längere Zeit zum Ablaufen gebraucht und die Drains es etwas weniger schnell abgeführt hätten, denn es ist sogar trübe abgegangen, hat also bei dem rapiden Durchgehen durch den Boden nicht allein lösliche Salze mitgenommen, sondern sogar gröbere Sinkstoffe mechanisch mit fortgerissen. Deshalb scheint die zuerst angegebene Wassermenge von ·0,00625 Cubikfuß per Morgen und Secunde nicht zu gering angenommen zu sein und den Vorzug zu verdienen.

In dieser Bestimmung liegt der Knotenpunkt der Kunst des Drainirens, und darum verdient dieselbe alle mögliche Aufmerksamkeit. Es ist schon immer viel gewonnen, wenn man erst weiß, worauf zu achten. Wiederholte Versuche und Messungen werden jene Annahme zu bestätigen haben. Sollte sich dabei ein anderes Resultat herausstellen, so muß dieser Faktor geändert, berichtigt werden. Die Theorie der Drainage wird dann aber so bedeutend gefördert sein, daß sie der Ausführung fast jede mögliche Sicherheit des Erfolges gewährleisten kann.

Bei diesen Ermittelungen ist auf das Grundwasser, von dem oben so oft die Rede gewesen, noch keine Rücksicht genommen. Erwägt man indeß, daß nicht allein eine sehr geringe Menge zu- und abfließenden Wassers dazu hinreicht, große Flächen naß und kalt zu erhalten, sondern daß das Grundwasser auch in den meisten Fällen so weit abzulaufen pflegt, als die Gräben in die Wasser führende Schicht einschneiden und nur so lange in der ersten Zeit ein stärkerer Zufluß da zu sein scheint, als das früher höher gehaltene Wasser abläuft, daß endlich dasselbe, da er von anderen Flächen seinen Ursprung herleitet, nicht mit einem Male, sondern nur nach und nach zufließt, so wird die oben angenommene Wassermenge auch für diesen Fall gewöhnlich passen. Sollte jedoch in einzelnen Fällen vor oder während der Arbeit sich ergeben, daß auf einen beständigen Zu- und Abfluß von Grundwasser zu rechnen ist, so muß der vorher angegebenen Wassermenge noch Etwas hinzugerechnet werden. Dies Mehr kann allerdings nur geschätzt werden, und zu solchen Schätzungen, überhaupt zur Beurtheilung des vorliegenden Falles, gehört einige Erfahrung.

Zulässige Länge der Röhren von verschiedenem Durchmesser.

Nachdem auf diese Weise die Tiefe, die Entfernung und das Gefälle der Röhren und die abzuführende Wassermenge, welche sie ausgeben müssen, bestimmt sind, bleibt noch die letzte Frage zu erörtern übrig: wie lang dürfen die Röhren von verschiedenem Durchmesser gemacht werden?

An ihrem Anfange ist eigentlich eine jede Röhre zu weit. Das durch die ersten Stoßfugen eindringende Wasser vermag das Querprofil nicht auszufüllen. Je weiter nach unten, desto mehr Wasser muß eindringen, bis endlich ein Punkt eintritt, wo die Röhre ganz voll ist. Wollte man die Röhre in gleicher Weite noch verlängern, so würde die Strecke der Verlängerung in ihrer Wirkung sich nicht allein so äußern, als wenn gar kein Drain da wäre, sondern, als wenn derselbe gar verstopft wäre, weil je länger eine Röhre bei gleicher Weite, desto größer die Reibung des fließenden Wassers an den Wandungen, desto geringer die Geschwindigkeit, und darum desto kleiner die ausfließende Wassermenge. Ein Theil des oberhalb in die Röhre eingedrungenen Wassers muß daher, von dem weiter unten langsamer fließenden aufgehalten, aus den Stoßfugen wieder heraustreten, wie, wenn die Röhre etwas verstopft wäre. Will man diesen Uebelstand vermeiden, so muß man entweder den Drain an jener Stelle, wo das Profil desselben vollzulaufen anfängt, aufhören, und in einen Hauptdrain oder in einen offenen Graben ausmünden lassen, oder die Fortsetzung, die Verlängerung desselben, mit etwas weiteren Röhren machen. Dieser Endpunkt muß für Röhren von verschiedenem Durchmesser in verschiedener Entfernung vom Anfangspunkt liegen. Die nächste Aufgabe ist deshalb, zu bestimmen, von wo ab die Anwendung weiterer Röhren stattfinden muß.

Nach den obigen Angaben ließ sich die Wassermenge berechnen, welche Röhren von einem bestimmten Durchmesser pro

Secunde ausgeben. Ebenso läßt sich die Größe der Fläche berechnen, von welcher eine jener gleiche Wassermenge gleichfalls in einer Secunde muß abgeführt werden können. Die einfache Division der Quadratruthen dieser Fläche durch die Entfernung der Drains von einander ergiebt als Quotienten die zulässige Länge einer Röhre von der angenommenen Weite.

Z. B.: Eine Röhre von 1 Zoll lichter Weite giebt, wenn sie bei 4 Fuß Gefälle auf 100 Ruthen voll läuft, in jeder Secunde 0,0028 Cubikfuß Wasser. Diese 0,0028 Cubikfuß Wasser fließen ab, wenn eine Fläche (0,00625 : 180 = 0,0028 : x) von 80 □Ruthen in einem Tage $\frac{1}{4}$ Zoll ablaufen soll (der Morgen giebt dann 0,00625 Cubikfuß). 80 □Ruthen dividirt durch die Entfernung der Drains von einander, etwa 5 Ruthen, würde also die zulässige Länge der 1zölligen Röhren = 16 Ruthen ergeben. Würde der Drain noch länger, so würde die weitere Fortsetzung mit $1\frac{1}{2}$zölligen Röhren gemacht werden müssen. Die $1\frac{1}{2}$zölligen Röhren geben bei dem nämlichen Gefälle pro Secunde 0,0076 Cubikfuß Wasser. Die dieser Wassermenge entsprechende Fläche ist (0,00625 : 180 = 0,0076 : x) = 219 □Ruthen. 219 □Ruthen : 5, (die Entfernung der Drains) = 44 Ruthen, ergiebt die Länge der Strecke, wo die $1\frac{1}{2}$zölligen Röhren aufhören müssen. Die ersten 16 Ruthen waren von 1zölligen Röhren gemacht, es werden unterhalb derselben 44 — 16 = 28 Ruthen $1\frac{1}{2}$zölliger Röhren gelegt werden können. Sollte der Drain noch länger werden, so würden demnächst 2zöllige Röhren an die Reihe kommen müssen.

Ein anderes Beispiel: Ein vollständiges System vereinigt sich in Einem Sammeldrain. Die ganze Fläche des Systems sei 20 Morgen und der Hauptdrain bekommt auf 100 Ruthen ein Gefälle von 1 Fuß. Die Aufgabe ist, den lichten Durchmesser der Röhren zu bestimmen, welche zu der letzten Strecke dieses Sammeldrains angewendet werden müssen.

Die Fläche von 20 Morgen, welche $\frac{1}{4}$ Zoll in 1 Tage abfließen soll, liefert pro Secunde 0,125 Cubikfuß Wasser. Die als wirklich anzunehmende Geschwindigkeit, $\frac{2}{3}$ der theoretisch berechneten, einer 6 Zoll im Lichten weiten Röhre ist = 0,613 Fuß pro Secunde und giebt, multiplicirt mit dem Querprofil derselben, 0,1963 □Fuß, in der Secunde 0,12033 Cubikfuß Wasser. Der Sammeldrain muß also in einer 6 Zoll weiten Röhre enden. Er braucht indessen nicht auf seiner ganzen Länge diese Weite zu haben, sondern kann bis dahin, wo die erste Röhre in ihn einmündet, allmälig enger werden. Diese Abnahme im Durchmesser der Röhren läßt sich in derselben Weise berechnen.

Tabellen.

Man sieht aus diesen Beispielen, von wie großem Einfluß die verschiedenen Faktoren auf die Sicherheit des Erfolges und auf die Höhe des Meliorations-Capitals sind, und wie nothwendig irgend ein Anhaltspunkt ist, um vor groben Mißgriffen geschützt zu sein, denen man nur auf solche Weise entgehen kann. Es kommt dabei gewiß auf eine minutiöse Kleinlichkeit der Berechnungen nicht an, da die Bedingungen allerdings etwas schwankend sind, allein die sich ergebenden Verhältnisse werden unter allen Umständen wenigstens annähernd festgehalten werden müssen.

Für jeden einzelnen Fall alle diese Rechnungen auszuführen, würde aber zu weitläuftig werden, ich habe daher verschiedene Tabellen hier beigefügt, welche, wenn sie auch auf vollständige Genauigkeit, die übrigens nach den obigen Auseinandersetzungen auch nicht einmal zu erreichen ist, keinen Anspruch haben, doch für die Praxis jenen verlangten und genügenden Anhalt gewähren werden.

In der Tabelle A. sind die Geschwindigkeiten des fließenden Wassers in Röhren von verschiedenem Durchmesser und bei verschiedenem Gefälle aufgeführt, nicht, wie die theoretische Berechnung dieselben ergiebt, sondern wie sie der Krümmungen der einzelnen Röhren und der ganzen Röhrenstränge, und der Ungleichheiten im Profil wegen als wirkliche anzunehmen sind.

In der Tabelle B. sind die Wassermengen neben einander gestellt, welche aus den Röhren von verschiedener Weite bei verschiedenem Gefälle wirklich ausfließen.

Tabelle C. enthält die Wassermengen, welche von verschiedenen Flächen in jeder Secunde abfließen, wenn angenommen wird, daß der Wasserspiegel darauf in 1 Tage um ¼ Zoll gesenkt werden soll.

In Tabelle D. endlich sind die zulässigen Längen der Röhren von verschiedenem Durchmesser unter den verschiedenen Bedingungen aufgeführt.

Der Gebrauch dieser Tabellen bedarf wohl, nach den oben durchgeführten Beispielen, keiner weiteren Erläuterung.

Praktische Ausführung.

Bei der Ausführung der Drains werden wir die Arbeitsweise der Engländer uns möglichst anzueignen haben, da das dortige Verfahren schon die Probe mannigfacher Versuche durchgemacht und bestanden hat. Neuere Empfehlungen sind immer erst zu prüfen und sichten. Eine Eigenthümlichkeit der Engländer dürfen wir nämlich nicht übersehen. Sie gehen stets von dem gewiß richtigen Grundsatze aus, daß eine jede Arbeit durch Anwendung von gutem und passenden Handwerkszeug bedeutend gefördert und Arbeitslohn gespart werde, und geben sich unendliche Mühe, immer Neueres und Besseres zu erfinden. Dies Bestreben führt aber zuweilen zu Uebertreibungen, und es kommt nicht selten vor, daß neue Sachen zuerst als das Beste unendlich angepriesen, bald nachher aber in die Rumpelkammer verwiesen werden. Vor Nachahmung solcher Sachen haben wir uns zu hüten, während wir das Gute derselben gern annehmen wollen.

Unumgänglich nothwendig sind die Spaten für die beiden untersten Stiche in den für die engen Röhren bestimmten Gräben. Der obere von beiden hat 12 Zoll Länge, 9 Zoll obere und 6 Zoll untere Breite, der unterste für 1zöllige Röhren 15 bis 16 Zoll Länge, 5 Zoll obere und 2 Zoll untere Breite. Die Länge des ganzen Spatens, incl. Stiel, beträgt 4 Fuß bis 4 Fuß und einige Zoll. Zu lange Spatenstiele sind unbrauchbar. Ein etwas gewölbtes Spateneisen ist gut, weil die Erde davon nicht so leicht nach den Seiten hinabfällt. Die Spaten müssen gut verstählt und sehr stark sein, weil sie beim Losbrechen fester Erde und vorkommender Steine in dem schmalen Graben, wo sie wie Brechstangen wirken müssen, viel auszuhalten haben. Sie werden dadurch an sich zwar ziemlich schwer, allein diese Schwere erleichtert das Eindringen in den Boden und macht dem Gräber, welcher aus den unteren, schmalen Stichen immer nur kleine Erdstückchen heraufbringt, die Arbeit nicht saurer, als wenn derselbe auf einem leichteren Spaten größere aushebt. Zweckmäßig sind auch die Englischen Spaten für die oberen Stiche, doch ihrer Größe wegen weniger für unsere schwächeren Arbeiter passend.

Eben so nothwendig sind die hakenförmigen Kellen zum Abgleichen der Grabensohle und zum Herausnehmen kleiner in den Graben gefallener Erdklöße. Sie haben ein 14 Zoll langes Eisen, welches etwas, doch nicht ganz halbkreisförmig gebogen ist und eine dem Durchmesser der zu legenden Röhren entsprechende Breite hat. In schmalen Gräben sind sie den Schippen vorzuziehen. Die Gründe sind bereits früher angegeben. Dagegen sind in breiten Gräben, in denen sich die Arbeiter freier bewegen können, die Schippen besser. Sie haben ein eben so gewölbtes Eisen, wie die Kellen, und von denselben Dimensionen, und unterscheiden sich von diesen nur durch eine andere Richtung gegen den Stiel und dessen geringere Länge. Durch beide Instrumente erhält die Grabensohle eine hohle, als Lager für runde Röhren die passendste Form.

Gelegt werden die engeren Röhren am bequemsten ebenfalls von der Grabenbord hinab mit einem an einem langen Stiel befestigten eisernen Haken von 10 Zoll Länge, $\frac{1}{2}$ Zoll Stärke. Derselbe ist scharf rechtwinklig gebogen und unter dem Winkel mit einer Verlängerung des senkrechten Schenkels versehen, welche aber kürzer sein muß, als die Wand der Röhren stark ist, damit dieselbe beim Einlegen der Röhren nicht in die Grabensohle eingreift, und dadurch das Herausziehen des Hakens aus der gelegten Röhre erschwert. Diese kurze Verlängerung dient dazu, daß mit derselben auf einen bestimmten Punkt der Röhre gestoßen werden kann, wenn dieselbe auf einem Ende etwas zu hoch oder der einen Seite etwas zu nahe liegt, und durch Drücken nicht in die rechte Lage zu bringen ist. Durch einen gelinden Ruck oder durch das Hinabschleifen auf der Grabenwand kann man die Röhre auf dem Haken vor dem

Legen drehen, wenn sie an die vorhergehende, schon liegende nicht recht heranpassen will und die Stoßfuge zu groß werden würde, oder wenn bei einer krummen Röhre die Krümmung nicht so trifft, wie sie soll. Der Haken muß aber stets kürzer sein, als die Röhre lang und darf nie bis in die zweite hindurch fassen, weil sonst die schon liegende bei dem hier vorn, dort hinten nothwendig werdenden Andrücken mit demselben immer wieder losgerissen wird. Die in den meisten Werken über Drainage abgebildeten Haken, um Röhren und Muffeln zu gleicher Zeit zu legen, halte ich für ganz unpraktisch.

Daß und warum es am zweckmäßigsten und sichersten ist, mit dem Legen der Röhren am oberen Ende des Grabens zu beginnen, ist bereits früher erwähnt worden. Weil aber gerade bei dieser Verrichtung auf eine durchaus sorgfältige, genaue Arbeit so ungemein viel ankommt, weil gerade davon der genügende Erfolg so sehr abhängig ist, so ist es zweckmäßig, das Legen der Röhren durch einen zuverlässigen und sicheren Menschen in Tagelohn besorgen zu lassen, wenn auch die Gräben dazu sehr wohl in Akkord gemacht werden können. Derselbe kann dann die Aufsicht über die ganze Gräberei gleichzeitig besorgen, und hat namentlich auf das richtige Abgleichen der Grabensohle zu sehen. —

Beim Zudecken der Röhren muß in sofern vorsichtig verfahren werden, als nicht durch Hineinstoßen größerer Steine die Röhren zertrümmert oder gewaltsam verschoben werden dürfen. Es ist gut, zuerst nur, breitbeinig über dem Graben stehend, lose Erde von dem tiefgehaltenen Spaten abrutschen und senkrecht auf die Röhren fallen zu lassen, dann 1 bis 1½ Fuß Boden darauf zu schütten, und in dieser Verfassung den Graben 8 bis 14 Tage liegen zu lassen, ehe man mit dem vollständigen Zufüllen beginnt. Die gelockerte Grabenerde nimmt dabei einen größeren Raum ein, als früher, muß also zuletzt in der Form eines kleinen Walles über dem Drain angehäuft werden, damit später nach dem Zusammensacken derselben keine Vertiefung da ist, in der vielleicht Tagewasser ablaufen, die lose Erde wegschwemmen, oder die Verstopfung der Röhren veranlassen würde.

Das Bedecken der Röhren mit Rasen, Stroh oder dergl. halte ich nicht für nöthig, wenn dieselben sorgfältig zusammengesetzt sind, so daß die Stoßfugen möglichst eng ausfallen. Nur wenn diese bei sehr schief abgeschnittenen Röhren oder durch ausgesprungene Stücke ausnahmsweise einmal weit aus einander klaffen, ist das Auflegen eines Stückchens Rasen oder besser, einer halben, der Länge nach aufgeschnittenen Muffel anzurathen und nöthig. Es ist noch fraglich, ob die aufgedeckten vegetabilischen Stoffe nicht wieder Veranlassung zur Bildung neuer Organismen werden können, welche man schon in verstopften Röhren gefunden hat. Gleiche Wirkung haben auch Baumwurzeln hervorgebracht, welche durch die Fugen der Röhren hindurchgedrungen sind und sich im Innern derselben verbreitet haben, und man möchte beinahe die Frage aufwerfen, ob nicht auch tief wurzelnde, perennirende Gewächse den Drains in ähnlicher Weise gefährlich werden können.

Ganze Muffeln halte ich für gewöhnlich nicht nöthig. Ich habe mehrmals Gelegenheit gehabt, einen und denselben Drain von 40 bis 50 Ruthen Länge durch den verschiedensten Untergrund, weichen Triebsand und harten grauen Thonmergel hindurch zu führen, in welchem so viel Wasser zuströmte, daß 1½zöllige Röhren beinahe voll liefen, und habe da, obgleich das während der Arbeit abfließende Wasser im höchsten Grade trübe war und eine Menge von feinem Sand abführte, die Röhren ohne Muffeln gelegt, versuchsweise eine Strecke von unten herauf, da waren sie in kurzer Zeit zugetrieben und verstopft, dann von oben herunter, und da lief sehr bald das Wasser krystallhell heraus, der sicherste Beweis, daß das Eindringen des Sandes durch die Stoßfugen nicht lange dauert. Nach 8 bis 14 Tagen wurden die Röhren an mehreren Stellen nachgegraben und untersucht, sie waren aber rein und keine Spur von Sand darin zu sehen. Die größte Gefahr scheint also ein Drain während des Legens der Röhren zu bestehen zu haben, und das Wasser, wenn Alles gut gemacht ist, die Kraft zu besitzen, den eingedrungenen Sand mit fortzunehmen. Ja, ich befürchte, daß die Muffeln eher Veranlassung einer Verstopfung werden, als davor schützen. Daß der Zwischenraum zwischen Röhre und

Muffel sehr häufig kein unbedeutender sei, ist kaum zu vermeiden. Die Röhren sind selten ganz rund, und mehr oder weniger schief. Die Muffeln nicht weniger. Sie müssen aber leicht aufgestreift werden können, die Ritzen zwischen der Muffel und der Röhre werden daher an einzelnen Stellen sehr häufig bedeutend ausfallen. Noch weniger kann man beurtheilen, wie die Ritzen zwischen den Röhren in den Muffeln aussehen. Es macht aber für das eindringende Wasser oder den mitgeführten feinen Sand keinen großen Unterschied, ob dasselbe gerade aus in die Röhre eindringt, oder eine Ecke passiren muß, wenn die Oeffnung nur hinreichend groß ist. Doppelte Röhren, d. h. 1zöllige im Verband eingesteckt in 2zöllige dürften nur sehr selten und vielleicht nur da anwendbar sein, wo in sehr weichem Boden das Versinken der Röhren zu befürchten ist.

Häufig haben wir im Untergrunde viel und große Steine. Die meisten lassen sich entweder herausschaffen oder an die Seite drängen, wenn dazu gehörig vorgegraben wird. Zuweilen stößt man aber auf sehr große Stücke Steine von mehreren Schachtruthen kubischem Inhalt, welche mehrmals gebohrt und gesprengt werden müßten, wenn sie fortgeschafft werden sollten. Man wird oft mit viel weniger Arbeit davon kommen, wenn man so große Steine umgräbt, und den Drain in einem langen Bogen vorbeiführt. Die beim Trocknen und Brennen krumm gewordenen Röhren finden an solchen Stellen den passendsten Platz, weil ein daraus gelegter Röhrenstrang so eingerichtet werden kann, daß er eine stetige krumme Linie bildet.

Das Abgleichen der Grabensohle geschieht am leichtesten und sichersten nach dem fließenden Wasser. Bei geringer Uebung ist daran nicht allein die Stetigkeit des Gefälles zu erkennen, sondern, namentlich in den schmalen Gräben für die engen Röhren auch zu sehen, ob dasselbe genügend vorhanden sei. Man wird deshalb die Arbeiten, wenn möglich, in einer Zeit ausführen, in welcher sich Wasser im Boden vorfindet, also bei Lehmboden ohne Grundwasser im Frühjahr und Spätherbst, bei Triebsandboden dagegen in der letzten Zeit des Frühjahrs und im Sommer. Man wird dabei als Nebenvortheil es noch anerkennen, daß dort die Weiche des Lehms hier die geringste

Menge von Grundwasser und dadurch die größtmöglichste Stabilität der Grabenwände das Arbeiten erleichtert.

Bemerkungen über Sammeldrains.

Es wird mitunter empfohlen, in den Sammeldrains zwei oder drei Röhren von einem geringeren Durchmesser statt einer größeren zu legen. Vergleicht man die Größe der Querprofile der verschiedenen Röhren, z. B. einer 3= und einer 5zölligen, und die Geschwindigkeit des bei gleichem Gefälle darin fließenden Wassers in Tabelle A., so findet man, daß das Querprofil der 5zölligen Röhren beinahe drei Mal so groß ist, als das der 3zölligen, daß ferner die Geschwindigkeit in jener ebenfalls nicht unbeträchtlich größer, daß endlich die Wassermenge nach Tabelle B. mehr als drei Mal so groß, der Effekt einer 5zölligen also noch größer ist, als der von 3 Stück 3zölligen Röhren. Erwägt man ferner, daß die Sicherheit der Anlage bei der Anwendung der größeren Röhren gewinnt und berechnet schließlich die Kosten — die 5zölligen kosteten pro mille nach Englischen Preisen (denn hier stehen dieselben für so weite Röhren noch nicht fest) 21 Thlr., die 3 Stück 3zölligen 31 Thlr. 10 Sgr. — so kann ich wohl jeder weiteren Bemerkung und Schlußfolgerung mich enthalten.

Ebenso wird empfohlen, da, wo mehrere Hauptdrains zusammentreffen und sich vereinigen sollen, oder wohl gar an einigen Punkten derselben, wenn sie lang werden, kleine Brunnenstuben einzurichten, oben offene, ausgemauerte Löcher, in denen auf der einen Seite die Röhren eines oder mehrerer Hauptdrains von oben her ausmünden, und auf der anderen Seite, etwas niedriger anfangend, weiter geführt werden. Als vorzüglichster Nutzen wird angegeben, daß man sehen könne, welcher Hauptdrain verstopft sei. Ich meine, das wird sich, wenn es einmal vorkommen sollte, wohl auch auf andre Weise und wahrscheinlich besser erkennen lassen. In den Brunnenstuben sieht man nur, daß ein Hauptdrain überhaupt nicht läuft, während die zum Versinken nassen Stellen auf dem Felde nicht allein die Verstopfung nachweisen, sondern auch auf die Gegend schließen lassen, in welcher dieselbe liegt. Dieselben sind aber auch noch in anderer Beziehung gefährlich. Offen lassen kann man sie nicht, nicht allein, weil sonst Unfug dabei getrieben, Steine, Kartoffelkraut u. dergl. m. hineingeworfen wird, sondern weil auch bei starken Regengüssen Wasser hineinstürzen und sie verschlämmen kann, und weil Mäuse, Maulwürfe, Frösche, welche von oben hineingefallen, nothwendig in die Röhren hineindringen müssen. Sie müssen also eine Decke bekommen. Wird diese Decke mangelhaft, so läuft das darüber fortgehende Zug- oder Weidevieh Gefahr, hineinzustürzen, sich zu beschädigen und Reparaturen werden nöthig gemacht. Deshalb muß die Decke ziemlich fest und schwer werden. Eine solche dichte, schwere Decke erschwert aber das Aufheben derselben und das muß oft geschehen, zur Revision der Brunnenstube. Denn treibt durch die Stoßfugen bei starkem Wasserandrang etwas Sand in die Röhren, so soll das Wasser die Kraft haben, und hat sie auch, diesen Sand fortzuspülen. In die Brunnenstube eingetreten, muß sich dasselbe aber über eine große Fläche verbreiten. Das Querprofil wird hier bedeutend größer, als das der Röhre, darum muß die Geschwindigkeit viel geringer werden. Die Folge kann nicht ausbleiben. Der nur vermöge der Geschwindigkeit des Wassers mitgenommene Sand muß niederfallen. Er wird abgelagert, füllt die Grube so weit, bis die Oeffnungen der von oben kommenden Röhren beinahe zu sind und das Wasser nur noch mit Mühe hindurch kann, dringt von oben her in die offene untere Röhre ein und verstopft diese mit der Zeit sicher, wenn er nicht rechtzeitig aus der Brunnenstube herausgeschafft wird. Diese ganze Einrichtung gewährt also nicht nur keinen reellen Vortheil, sondern macht wiederholte Reparaturen und beständige Aufmerksamkeit nöthig, wenn sie nicht sogar nachtheilig werden soll.

Schon früher ist erwähnt worden, daß es Bodenarten gebe, in denen offene Gräben mit der Drainage gar nicht in Verbindung gebracht werden könnten, und zwar besonders deshalb, weil sie nicht hinreichend tief gemacht oder erhalten werden könnten. Es wurde dort empfohlen, sie durch Sammeldrains zu ersetzen. Ich möchte hier noch auf einige andere Umstände aufmerksam machen, welche die Anlage von Sammeldrains statt der offenen Gräben auch noch an anderen Orten rathsam zu machen scheinen.

Das Wasser, welches durch die Erde durchsackt und schließlich in den Drains abgeführt wird, ist häufig verhältnißmäßig sehr reich an Kohlensäure, und löst im Boden deshalb Kalk, Eisenoxydul rc. auf. Bei der Berührung der Luft entweicht ein Theil der Kohlensäure, der Kalk, das Eisenoxydhydrat rc. schlägt sich aus dem Wasser nieder, und dieser Niederschlag verstopft manchmal die Röhren. Er ist übrigens an manchen Orten gar nicht unbedeutend, und ich habe ihn schon binnen 4 Wochen nach der Anlage der Drains auftreten sehen. Jedenfalls tritt die atmosphärische Luft durch die Oeffnungen der Röhren ein. Es dürfte also zweckmäßig sein, in diesem Falle so wenig Oeffnungen zu geben, als möglich, mit anderen Worten, die Saugdrains in Sammeldrains zu vereinigen, und nur diese in offene Gräben ausmünden zu lassen, dies allein aber kann noch nicht genügen. Wir müssen, um dies zu erkennen, den Verlauf des Prozesses dazu noch genauer verfolgen.

Es wird die Gefahr, daß sich von den vorgenannten Stoffen etwas niederschlägt, am geringsten sein, wenn die Röhren voll laufen, weil dann keine atmosphärische Luft eindringen, keine Kohlensäure entweichen kann. Zu große Röhren, welche niemals voll werden, sind daher in solchem Boden geradezu gefährlich. In gerade passenden, d. h. solchen, welche manchmal voll laufen, ist es dagegen sogar möglich, daß das Wasser, wenn es noch freie Kohlensäure enthält und die ganze Röhre ausfüllt, bereits niedergeschlagene Salze wieder auflöst und mit fortnimmt. Laufen die Röhren nicht voll, so ist über dem Wasserspiegel ein Raum. Die aus dem Wasser entweichende Kohlensäure, schwerer als Luft, bildet über dem Wasser zunächst eine dünne Schicht, welche auf der geneigten Ebene des Wasserspiegels theils durch eigene Schwere, theils durch Adhäsion an das fließende Wasser fortgerissen, mit demselben langsam abfließt, und immer wieder durch atmosphärische Luft, welche von unten her in dem höchsten freiliegenden Theile der Röhre eindringt, wieder ersetzt wird. Die Kohlensäure allein kann die Röhre niemals füllen, das zuströmende Wasser giebt immer von Neuem Kohlensäure ab, immer von Neuem bildet sich der gefährliche Niederschlag. Ich bin überzeugt, daß mit Abschluß der atmosphärischen Luft die Gefahr der Verstopfung beseitigt ist, und es scheint mir nur darauf anzukommen, das auf praktische Weise möglich zu machen. Ich erlaube mir, folgenden einfachen Vorschlag zur Prüfung zu empfehlen. Man giebt der letzten Röhre an der Mündung eine Biegung, wie sie hier gezeichnet,

so daß die Krümmung bei a niedriger, die Ausflußöffnung bei b etwas höher ist, als der unterste Theil der Röhre. Das ausfließende Wasser wird dann bei a die ganze Röhre füllen und den Abschluß der Luft ohne weitere Umstände allein besorgen.

Endlich will ich noch auf eine andere Thatsache allgemeiner aufmerksam machen, welche für Sammeldrains anstatt offener Gräben zu sprechen scheint. Wenn im Spätherbst die Frösche ihre Winterquartiere suchen, so lockt das aus den Röhren ausfließende, in dieser Zeit gewöhnlich wärmere Wasser dieselben an. Sie suchen, wenn irgend möglich, in die Röhren hinein zu kommen und darin für den Winter eine Schlafstelle zu finden. Ich habe große Frösche mit aller Gewalt sich so hineinpressen sehen, daß kein Wasser neben ihnen vorbei konnte. Sie können das um so bequemer, je näher die Ausflußöffnung einer Röhre der Grabensohle liegt. Um dies Eindringen solcher Thiere in die Drains zu verhindern, hat man vorgeschlagen, ein paar Endchen Draht vor der Oeffnung zu befestigen, zwischen denen sie dann nicht hindurch könnten. Allein ich habe auch schon erlebt, daß gerade diese Drahtzüge Ursache einer Verstopfung wurden, indem aus dem Wasser niedergeschlagenes Eisenoxydhydrat sich dahinter angesammelt und die ganze Oeffnung verschlossen hatte. Solche Drahtzüge dürften daher nur an den Enden größerer Röhren anzubringen sein, weil da die ausfließende Wassermenge größer, und deshalb kräftig genug ist, den mechanischen Zusammenhang des niedergeschlagenen Eisenoxydhydrats zu zerreissen oder vielmehr dessen Anhäufung gar nicht zu gestatten. Ist diese Vorrichtung aber in den kleinen engen Röhren nicht gut, so ist das ein Grund mehr, die Sammeldrains den offenen Gräben häufig vorzuziehen.

Ueberall aber, wo man Drains in offene Gräben ausmünden läßt, sollten die letzteren so tief gemacht werden, daß ihre Sohle 1 bis $1\frac{1}{2}$ Fuß niedriger liegt, als die Oeffnung der Röhren. Die Drains sind dadurch um so mehr gegen die nachtheiligen Folgen des Rückstauens geschützt, welcher durch Einfallen der Grabenborden, Eintreiben von Sand 2c., durch Fluthen, Eis und Schnee so leicht und so oft herbeigeführt werden, und das Verschlämmen tief liegender Ausflußöffnungen zur Folge haben kann.

Allgemeines.

Bei den schon oben näher auseinandergesetzten Vortheilen der Trockenlegung, und nach der Entwickelung der Vorzüge der Drainage, gegenüber den offenen Gräben, kann es wohl kaum noch zweifelhaft sein, daß der Nutzen des Drainirens auch bei uns ein entsprechender sein werde, und zwar eben sowohl auf kultivirtem Boden, um die durch die Kultur darin aufgespeicherten, durch Düngungen 2c. hineingebrachten, aber unter Wasser todt da liegenden Schätze wieder lebendig zu machen, als auch auf rohem, unkultivirten oder neuen Lande, um hier von den zur Kultur desselben angewendeten Mitteln vom Dünger, Mergel u. s. w. auch den vollen Nutzen zu erzielen. Können wir auch nicht auf so hohe Zinsen rechnen, wie sie in England gewonnen werden, so müssen dieselben doch, wenn wir ökonomischer mit dem Anlage-Capital umgehen, und dazu, hoffe ich, werden die Andeutungen, welche in den vorhergegangenen Raisonnements gegeben sind, auch Etwas beitragen, immer noch sich so bedeutend herausstellen, daß darin sehr bald das treibendste Motiv der Verbreitung dieser Meliorationen erkannt werden wird.

Nur möchte ich noch einmal darauf aufmerksam machen, daß wenn auch der vollkommene Erfolg weniger von der Anlage von Drains überhaupt, als vielmehr von der richtigen und zweckmäßigen Anlage derselben abhängt, doch auf tüchtige und akkurate Ausführung sorgfältig gesehen und dabei eine sehr genaue und strenge Aufsicht geführt werden muß. Die Drainage erfordert deshalb besonders eine so fortwährende strenge Controle während der Arbeit, weil, wenn dieselbe fertig, Alles mit Erde zugedeckt, Nichts mehr zu sehen und zu kontroliren ist, und wenn dann Etwas fehlt, kein Mensch wissen kann, wo der Fehler steckt. Reparaturen aber, welche zu vermeiden gewesen wären, verursachen immer unangenehme und unnütze Ausgaben.

Fabrikation der Drainröhren.

Thon.

Der Englische Thon, welcher zur Anfertigung der Drainröhren gebraucht wird, ist, so viel Ziegeleien ich gesehen, überall ein sehr fetter, aber er enthält auch überall etwas Kalk. Nur ein Mal habe ich Sand zusetzen sehen. Die Masse selbst ist überdies von Natur schon viel gleichmäßiger, homogener, als bei uns. Von Schlämmen desselben ist deshalb auch dort nicht die Rede. Der Thon wird nur vor Winter ausgeworfen und bleibt dann, bis zur Verarbeitung der Luft ausgesetzt, in Haufen liegen, welche wohl noch ein oder zwei Mal umgestochen werden. Dennoch wird derselbe, noch ehe etwas Weiteres mit ihm vorgenommen wird, mittelst des Thonschneiders durchgearbeitet. Aber auch dadurch ist er häufig noch nicht in dem gehörigen brauchbaren Zustande. Er enthält nämlich oft noch eine Menge kleiner Steine, welche entfernt werden müssen, ehe Röhren daraus gemacht werden können, weil die Steine, ja selbst die härteren Thonklümpchen, beim Pressen sich vor die Oeffnung der Form vorschieben, dort sitzen bleiben und nun Veranlassung werden, daß die Röhren aufgerissen und unbrauchbar hervortreten. Nur mit großer Mühe und bedeutendem Zeitverlust sind die Steine von da wieder fortzuschaffen. Dies nothwendige Entsteinen des Thons geschieht am zweckmäßigsten mit einem Durchschlag, einer starken eisernen Platte, durch welche so viel runde Löcher durchgebohrt sind, als mit der Haltbarkeit derselben nur verträglich. Der Durchmesser dieser Löcher ist etwas geringer, als die Wandung der Röhre, welche aus dem durchgepreßten Thon gemacht werden soll. Für Röhren mit stärkeren Wänden werden auch Durchschläge mit größeren Löchern angewendet werden können, durch welche der Thon leichter hindurch geht. Es wird dadurch etwas an Kraft gespart, oder Zeit gewonnen werden. Die Durchschläge mit solchen runden Oeffnungen sind den anderen, mit langen Spalten, aus denen der Thon in breiten Blättern hervortritt, vorzuziehen, weil durch diese breiten Spalten auch zu große, wenn nur flache Steine mit hindurch gehen können. Diese Platte ist an der Drainröhren-Maschine zuerst anstatt der Form vorgesetzt. Sie muß sich nach Entleerung des Thonbehälters leicht davon abnehmen lassen, um die dahinter sitzenden Steine entfernen zu können, und eben so leicht und schnell wieder vorzusetzen sein. Allen diesen Anforderungen ist bei der Claytonschen Maschine am besten genügt. Die durchgepreßte, in Form dicker Nudeln hervorgetretene Thonmasse wird dann wieder in Klumpen zusammengearbeitet.

Thon, wie er bei uns in vielen Ziegeleien zu Mauersteinen verarbeitet wird, ist zu Drainröhren zu mager. Es sollte dazu, ehe etwas Anderes nicht durch Versuche genügend bewiesen ist, nur solche Erde verwendet werden, von der es schon bekannt ist, daß sie gute Dachsteine giebt. Ziegelerde, welche dazu nicht brauchbar, muß erst durch Schlämmen 2c. präparirt werden. Verderben die gelegten Röhren, so muß die ganze Arbeit wieder ganz neu gemacht werden, und träte dieser Fall nach wenigen Jahren ein, so dürfte die Melioration leicht doch zu theuer werden. Darum ist es besser, in dem zu verwendenden Material etwas wählerisch zu sein, und dafür einen etwas höheren Preis zu bezahlen, um sicher zu gehen. Selten nur ist der Thon im Diluvium in seiner Zusammensetzung so homogen, wie der Englische. Er enthält in Adern, Nestern oder Schichten viel mehr gröberen oder feinen Sand. Eine Beimischung von etwas Kalk schadet demselben nicht, wenn derselbe nur fein genug in der Masse vertheilt ist, und die daraus gefertigten Röhren scharf genug gebrannt werden. Unser Thon muß deshalb viel sorgfältiger durchgearbeitet werden. Das Auswerfen vor Winter, das Durchstechen der Haufen geschieht zwar schon gewöhnlich. Er muß aber demnächst auch durch den Thonschneider gemischt werden. Die Englischen Thonschneider werden aber bei uns nicht hinreichen, diese Mischung vollkommen hervorzubringen. Wir werden sie höher und mit mehr Messern einrichten müssen. Die kleinen Messer auf den horizontalen können dann wegbleiben. Sollte die Thonmasse außerdem noch viel Steine enthalten, so ist das Entsteinen mit einem dem Clayton'schen ähnlichen Durchschlage ebenfalls noch nothwendig.

Ueberhaupt kommt auf eine vollständige Vorbereitung des Thons bei der Drainröhren-Fabrikation sehr viel an, und die darauf verwendete Arbeit wird später beim Pressen der Röhren durch schnelle Förderung des Betriebes und durch den geringeren Bruch sehr reichlich bezahlt.

Pressen der Röhren.

Der so vorbereitete Thon muß eine gewisse Steifigkeit besitzen, die sich aber nur durch Proben kennen lernen läßt, wenn die Arbeit schnell und gut gehen soll. Ist derselbe zu weich, so verunglücken die meisten Röhren. Er wird in die Form von Röhren durch Maschinen gepreßt. Nur bei sehr großen Betrieben von jährlich mehreren Millionen Fuß werden durch Dampf- oder Pferdekraft bewegte Drainröhren-Pressen angewendet, und dann der größeren Leistungsfähigkeit halber rotirende, welche mit Walzen oder Schrauben in Verbindung gebracht sind. Die Speisung geschieht ununterbrochen am einen Ende, während ebenso ununterbrochen am anderen Ende die Röhren heraustreten. Sie sind indessen schon in England, vielmehr noch hier für die gewöhnlichen Verhältnisse zu großartig. —

Bei kleinerem Betriebe sind die Maschinen in der Regel für Menschenkraft eingerichtet, und zwar kann, da die Geschwindigkeit der heraustretenden Röhre nur eine geringe zu sein braucht, die Kraft durch doppelte Vorgelege so verstärkt werden, daß fast bei allen ein Mann an der Kurbel zum Pressen genügt. Diese Maschinen sind sämmtlich nach einem und demselben Grundprinzip konstruirt. Der zu verarbeitende

Thon wird in einen Behälter gethan, dessen eine Seite durch einen Stempel, eine andere durch eine vorgesetzte, beliebig zu verändernde Form gebildet wird. Der Stempel wird durch eine Zahnstange vor- oder zurückgeschoben, welche letztere durch die oben erwähnten Getriebe in Bewegung gesetzt wird. Beim Vorschieben des Stempels wird der Thon aus dem Behälter durch die Form gedrückt, und die Röhren schieben sich heraus, bis der Behälter leer ist. Dann wird der Stempel zurückgeschoben, der Kasten öffnet sich, wird wieder gefüllt, und das Pressen beginnt von Neuem. Diese Maschinen können also keine ununterbrochene Arbeit liefern. Ein Zeitverlust beim Zurückziehen des Stempels, Oeffnen des Kastens u. s. w. ist unvermeidlich. Diesen möglichst zu verringern, haben die Englischen Maschinenbauer auf verschiedene Weise erstrebt, und es ist ihnen mehr oder weniger geglückt, so wie denn überhaupt die neueren Maschinen an Zweckmäßigkeit und Eleganz die älteren bei Weitem übertreffen. Die zur Zeit als die besten anerkannten und auf den Versammlungen der Englischen Landwirthe vielfach prämiirten Maschinen sind die von Clayton in London und Whitehead in Preston, jene in ihrer ganzen Einrichtung fast allein dastehend, diese den übrigen sehr ähnlich.

Die Clayton'sche Maschine hat einen senkrecht stehenden runden Preßcylinder, dessen unterer Boden durch die Form und dessen Decke durch den, an einer vertikalen Zahnstange befestigten Stempel gebildet wird. Es bildet also der Stempel gleichzeitig den Verschluß. Außer diesem einen ist noch ein zweiter, dem ersten ganz gleicher Cylinder vorhanden. Beide sind durch eiserne Hespen an eisernen Stangen befestigt, und um diese so drehbar, daß sie neben der Maschine auf zwei kleine Tische gesetzt, mittelst einer sinnreichen Hebel-Vorrichtung, welche durch den Fuß bewegt wird, in die Höhe gehoben und unter den Stempel auf die liegen bleibende Form und zurück auf den Tisch gesetzt werden können. Ist also der eine Preßcylinder leer gepreßt, so wird durch Ausrücken der Kurbelwelle, und dadurch bewirktes Eingreifen eines größeren Getriebes in die Zahnstange der Stempel rasch in die Höhe gedreht, der leere Cylinder durch einen Tritt auf den Hebel gehoben, mit der Hand ergriffen, an seiner Charnierstange herumgedreht und auf seinen Platz auf den kleinen Tisch gesetzt, der andere, während des Pressens gefüllte Cylinder in die Höhe gehoben und so herumgedreht, daß er unter den Stempel zu stehen kommt, die Kurbelwelle wieder eingerückt und nun wieder gepreßt. Dies Wechseln der Cylinder ist schneller gemacht, als beschrieben.

Die Röhren treten unten aus der, den Boden bildenden Form heraus, und hängen senkrecht herab. Eigene Gaffeln mit kurzen Stielen, und so viel Zinken, als Röhren, neben und über einander herauskommen, werden ihnen entgegen gehalten. Sie schieben sich da hinauf und werden, durch einen Draht, welcher zwischen horizontalen Lagern geht, abgeschnitten, sobald sie lang genug sind. Es gehört allerdings einige Uebung und Geschicklichkeit dazu, dies Abschneiden so abzupassen, daß die Röhren gleich lang werden, und es ist schwieriger bei den kleinen Röhren, als bei den größeren, da jene schneller herauskommen. Der Abnehmende sitzt vor der Maschine. Er hat bei der Fabrikation der kleineren Röhren ein Gestell aus schwachen Latten neben sich stehen, ähnlich einer kleinen Bank, auf welches er die Röhren legt. 50 Stück 1zöllige haben darauf Platz. Ist dasselbe voll, so wird es fortgetragen und ein anderes leeres an dessen Stelle gesetzt. Ist der Abnehmer sehr eingeübt, so geht das Pressen beinahe ohne Unterbrechung vorwärts. Ich habe Mstr. Clayton, den Erbauer dieser Maschine, selbst Röhren so schnell abnehmen sehen, daß zwei Leute mit dem Forttragen vollständig beschäftigt wurden, und sie liefen zur Zeit nicht mit 3 oder 6 Röhren, sondern mit 50 Stück. Das senkrechte Heraustreten der großen und besonders der größten Röhren von über 4 Zoll Durchmesser, und das einzelne Abnehmen einer jeden scheint besonders zweckmäßig. Bei dem langsamen Vorwärtsgehen derselben kann man eine gleiche Länge erzielen, besonders da man an der Gaffel, deren Handgriff unten auf den Fuß der Maschine aufgestützt wird, das Maaß hat. Diese großen Röhren werden dann mit der darin steckenden Gaffel zum Abtragen gegeben, auf dem Boden auf den Kopf gestellt und die Gaffel herausgezogen. Sie geben auf diese Weise unzweifelhaft viel weniger Abgang und Bruch, als wenn sie horizontal gepreßt auf dem Rollbett sich vorschieben, also auf einer Seite ruhen und sich bei ihrem nicht unbedeutenden Gewicht gleich breit drücken. Während des Umtausches der Gaffeln wird fortgepreßt, und der Abnehmende hat Zeit genug, mit seiner Gaffel unter die Form und in die etwas herausgetretene Röhre zu fahren, wenn die Unterbrechung auch nur so kurz war, als zum Abschneiden der Röhre erforderlich.

Das senkrechte Abnehmen der kleinen Röhren erfordert Uebung und Geschicklichkeit, und das Abnehmen der in der nämlichen Richtung herabhängenden, hufeisenförmigen Drainziegel, wie sie noch manchmal verlangt werden, und mancher anders geformten Steine hat noch größere Schwierigkeiten. Mstr. Clayton mußte darum noch eine besondere Vorrichtung anbringen, welche für manche Formen das horizontale Herauspressen ermöglichte. Zu dem Ende hat derselbe einen Kasten von Gußeisen konstruirt, welcher oben offen, und an der vorderen Seite die durchbrochene Form tragend, statt der oben erwähnten Formen unter den Preßcylinder gebracht wird, und durch den der Thon hindurch, und die Röhre horizontal herausgepreßt werden. Diese horizontal hervortretenden Röhren schieben sich auf einem genügend, d. h. 8 bis 9 Fuß langen Rollbett vorwärts, bis der Cylinder leer ist, werden dann mit eingespanntem Draht in Stücke von der gehörigen Länge geschnitten, und mit zwei- oder mehrzinkigen Gaffeln, je nach der Zahl der herauskommenden Röhren, abgenommen. Auch bei dieser Vorrichtung geht nur so viel Zeit verloren, als nöthig ist, die Cylinder zu wechseln und die Röhren abzuschneiden. Die Arbeit geht daher auch hiermit fast ununterbrochen fort.

Die Whitehead'sche Maschine hat dagegen einen 4eckigen liegenden Kasten. Die Form bildet an derselben die eine Seite, der Stempel die zweite, jener gegenüberstehende. Eine dritte Seite wird durch den Deckel gebildet. Diese drei Seiten des Kastens sind beweglich und nur die drei übrigen feststehend. Daß dieselben bei der sehr bedeutenden Kraftanwendung ganz besonders stark gearbeitet sein müssen, und viel stärker, als die ungeschwächten runden Cylinder bei der Clayton'schen Maschine, leuchtet ein, und wir haben selbst an der der Whitehead'schen ähnlichen, aber kleineren und schwächeren William'schen Maschine darüber die bittersten Erfahrungen gemacht. Bewegt wird der Stempel durch eine horizontal liegende Zahnstange, und diese wieder durch Getriebe, denen der Clayton'schen ganz ähnlich. Es wird also zuerst der Stempel, ebenfalls durch Ausrücken eines Getriebes möglichst schnell zurückgeschoben, so weit es nöthig, den Kasten zu öffnen. Dann wird der Deckel aufgemacht, der Kasten gefüllt, der Deckel zugemacht und befestigt, und nun geht das Pressen los. Die Röhren treten auf der vorderen Seite heraus, schieben sich auf dem genügend langen Rollbett vorwärts. Bei einer gut eingerichteten Maschine muß die ganze Füllung des Kastens als Röhren auf dem Rollbett Platz finden. Die Länge des Rollbetts darf aber 8 bis 9 Fuß nicht übersteigen, weil sonst der Weg, den die Röhren darauf zurücklegen, zu lang wird, und dieselben sich unten zu stark ablaufen. Nach diesen Proportionen muß sich die Zahl der Oeffnungen in der Form und die Stärke der Wandungen derselben richten. Ist der Kasten dann leer, liegen also die Röhren auf dem Rollbett, so werden sie durch eine Vorrichtung mit eingespanntem Draht in Stücke von 13 bis 14 Zoll Länge geschnitten, mit entsprechenden Gaffeln abgenommen und abgetragen. Während diese letztere Arbeit, das Abnehmen und Abtragen von einem Jungen verrichtet wird, wird von einem anderen Arbeiter der Stempel wieder schnell zurückgeschoben, der Deckel wieder geöffnet, der Kasten gefüllt u. s. w., kurz, die schon vorher beschriebene Operation wiederholt sich.

Zunächst gab der Zeitverlust beim Zurückschieben des Stempels Veranlassung, die Maschine so einzurichten, daß an beiden Enden derselben Kasten, und an beiden Enden der Zahnstange Stempel angebracht wurden, so daß also beim Vor- und Rückwärtsgehen der Zahnstange aus dem einen oder anderen Kasten gepreßt werden kann. Es ist nicht zu leugnen, daß dadurch die Gesammtleistung der Maschine vermehrt wird. allein sie kann nicht das Doppelte der einfachen betragen, weil die Füllung des einen Kastens nicht während der Zeit geschehen kann, in welcher der Thon aus dem andern verarbeitet wird, sondern erst, nachdem dieser ganz leer geworden, weil jener erst dann ganz geöffnet ist. Es geht daher dabei immer noch mehr Zeit verloren, als bei dem Wechseln der Cylinder der Clayton'schen Maschine.

Ich habe beide Maschinen, die Clayton'sche und die Whitehead'sche auf verschiedenen Ziegeleien gesehen, und muß aus den, nach den oben neben einander gestellten Thatsachen abzuleitenden Gründen, der Clayton'schen Maschine den Vorzug zugestehen.

Trocknen und Rollen der Röhren.

Die gepreßten Röhren von geringerem Durchmesser werden sofort auf Bretter oder Lattengerüste zum Trocknen gelegt, die größeren zuerst auf dem Boden so aufgestellt, daß die eine Oeffnung unten ist. Nach einiger Zeit werden sie umgedreht, die früher oben befindliche Oeffnung nach unten gebracht, damit der Thon etwas antrockne, die Röhren mehr Steifigkeit erhalten und, später auf die Gerüste gelegt, nicht zusammensinken.

Schon durch das Vorwärtsschieben der Röhren auf dem Rollbett bleibt deren Profil nicht ganz rund, durch das Durchschneiden mit dem Draht bekommen die beiden Oeffnungen eine Art von Grad, sie werden kleiner, die im Kasten zwischen dem Thon enthaltene, beim Pressen comprimirte Luft bildet Blasen, welche beim Hervortreten der Röhren und Nachlassen des Druckes mit Geräusch platzen, und hoch aufstehende Ränder hinterlassen, oft schiebt auch beim Abnehmen die Gaffel im Innern der Röhren, wenn sie die Wandung streift, etwas Thon zusammen. Das Profil der Röhren wird durch mannigfache Ursachen unregelmäßig. Aus den früheren Auseinandersetzungen geht aber hervor, welche Rücksichten schon auf die unvermeidlichen Unregelmäßigkeiten genommen werden müssen, so daß also Grund genug vorhanden ist, die leicht zu beseitigenden auch so viel wie möglich zu entfernen. Und das geschieht durch das Rollen der Röhren.

Dieselben werden nämlich, wenn sie einen gewissen Grad von Trockenheit erreicht haben, auf einen glatten, runden Stock von ungefähr 20 bis 22 Zoll Länge gesteckt, auf einen 14 bis 15 Zoll breiten, 2 Fuß langen Klotz von hartem Holz gelegt, der auf beiden Seiten hervorragende Stock mit beiden Händen fest angefaßt, mäßig angedrückt und die Röhren nun ein oder zwei Mal auf und nieder gerollt. Die Stöcke für die weiteren Röhren bekommen an beiden Enden Handgriffe, da man sie sonst nicht bequem halten könnte. Die so behandelten Röhren werden in jeder Beziehung vortrefflich. Damit diese Arbeit aber möglichst gefördert wird, muß der Klotz auf drei Beinen hoch stehen und vorn etwas niedriger sein, so daß man bequem davor stehen kann. Er muß leicht transportabel sein, damit man ihn ohne Umstände längs den Gerüsten fortbewegen kann. Der mit dem Rollen beschäftigte Arbeiter braucht sich die Röhren dann nur herabzulangen und sie nach vollendeter Manipulation wieder zurückzulegen, ohne durch Laufen danach Zeit zu versäumen.

Die Röhren können auf den Gerüsten in mehreren Reihen über einander gelegt werden. Das vollständige Austrocknen derselben darf aber nicht zu schnell, und darum nicht in Räumen geschehen, welche dem Winde ausgesetzt sind, oder einen starken Zug haben. Es ist dann gar nicht zu vermeiden, daß sie an den Enden schneller trocknen, als nach der Mitte zu und dadurch krumm werden. Der Thon zu den Röhren wird schon in einem gewissen Grade von Steifigkeit verarbeitet, er trocknet daher bald, auch in geschlossenen Räumen. Daher werden die Röhren am besten in Ziegelscheunen, wenn alle Luken zugemacht sind.

Brennen der Röhren.

Haben die Röhren den genügenden Grad von Trockenheit erreicht, so müssen sie gebrannt werden. Das geschieht überall in eigenen Oefen von verschiedener Konstruktion. Sie sind, je nach dem Umfange des Betriebes zur Aufnahme von 25,000 bis 50,000 Fuß Röhren eingerichtet.

Einige haben Aehnlichkeit mit unsern Ziegelöfen. Ich sah

sie im Lichten 24 Fuß lang, 12 Fuß tief, mit gothischen Bogen überwölbt, und unterm Bogen 12 Fuß hoch, mit 8 Schürlöchern in den beiden gegenüberliegenden Längsseiten, von $1\frac{1}{2}$ Fuß Breite und Höhe, und mit Rosten und Aschenfall versehen. Die Wände sind 6 Steine stark, und außerdem noch durch 5 Strebenpfeiler von 2 Steinen Breite und Vorstand auf jeder gehalten. Im Innern gehen an jeder Seite noch 18 kleine Züge von 2 Zoll Breite und Tiefe bis einige Fuß ins Gewölbe in die Höhe und endigen in 2zölligen (Drain-) Röhren, welche durch die Bogen hindurchreichen und auf der Außenfläche desselben ausmünden. Im Gewölbe sind außerdem noch 7 Reihen Schmauchöffnungen, in jeder Reihe 9 Stück à $\frac{1}{2}$ Stein im Quadrat, welche in kleinen Schornsteinen über dasselbe fortgeführt sind. Es können 45 bis 50,000 Fuß Röhren darin gebrannt werden. Die Röhren werden aufrecht stehend eingesetzt. Da aber die kleineren Sorten in dieser Lage in Masse neben einander gestellt schwer einzusetzen sind, so werden Reihen von größeren Röhren dazwischen gesetzt, und in diese andere von geringerem Durchmesser, der Raumersparniß wegen, hineingesteckt.

Andere sind nach Art unserer Töpferöfen eingerichtet. Das ist zwar eine schon sehr alte Konstruktion, sie wird aber von Mstr. Parks auch jetzt noch als die beste empfohlen und überall da eingeführt, wo er die Einrichtung der Ziegeleien mit übernommen. Diese Oefen sind 15 Fuß im Lichten lang, 12 Fuß tief, mit halbkreisförmigem Tonnengewölbe überwölbt, unterm Scheitel 8 bis 9 Fuß hoch und zur Aufnahme von 25,000 Stück ausreichend. Die Längswände waren 3 Steine, die vordere Stirnwand nur 1 Stein stark, das Gewölbe 1 Stein hoch. Bei der Schwäche der Wände muß der Ofen verankert werden. Ich sah in den Längswänden die Anker von Holz, an den Stirnseiten von Eisen. Auf der einen Stirnseite ist eine Thür zum Einkarren, welche, nachdem der Ofen voll, zugemauert wird. Auf jeder Seite dieser Thür ist eine Feuerungsöffnung, und beim Zumauern der Thür wird eine dritte eben so große darin eingerichtet. Diese Oeffnungen erhalten 18 Zoll Breite und 8 Zoll Höhe, darunter Zuglöcher

5 bis 6 Zoll breit und hoch, und darunter noch andere zum Herausziehen der Asche von 8 Zoll Breite und Höhe. Der Rauch und die Hitze durchziehen von hier aus den Ofen und entweichen schließlich durch 4 Oeffnungen von 9 Zoll Breite und 9½ Zoll Höhe, unmittelbar über der Sohle des Ofens, auf der anderen Stirnseite. Von diesen 4 Oeffnungen gehen 4 Züge in der Wand in die Höhe, welche sich zu einem 2 Stein im Lichten weiten Schornstein vereinigen. Die Sohle des Ofens liegt mit der Oberkante des Aschenloches in gleicher Höhe. Nur längs der Feuerseite ist dieselbe auf 2 Fuß 6 Zoll Breite 6 Zoll vertieft. Auch in diesen Oefen werden die Röhren aufrecht stehend eingesetzt. Damit aber das Feuer unter denselben durchspielen kann, werden unmittelbar über der Sohle die nöthigen Züge von Mauersteinen gebildet und auf diese erst die Röhren gestellt. Im Gewölbe und in der vorderen Stirnmauer sind noch einige Oeffnungen angebracht, welche während des Brennens verschlossen, erst nach Beendigung des Brandes aufgemacht werden, um schneller abzukühlen. Zum ganzen Brande werden im Ganzen 6 Tage gebraucht, nämlich:

zum Ein- und Auskarren 2 Tage,
zum Brennen 2 Tage und 1 Nacht,
zum Abkühlen 2 Tage.

Zum Brande von 25,000 Stück werden in einem solchen Ofen 64 Centner Steinkohlen gebraucht.

Gewöhnlich stehen zwei Brennöfen neben einander, und zwar ohne weitere Ueberdachung.

A.

Die als wirkliche anzunehmende Geschwindigkeit ($\frac{2}{3}$ der theoretisch berechneten) des aus Drains von verschiedener Weite bei verschiedenem Gefälle abfließenden Wassers beträgt in Einer Secunde:

Lichte Weite der Röhren.	Flächen-Inhalt des Quer-Profils.	bei 8 Fuß	bei 7 Fuß	bei 6 Fuß	bei 5 Fuß	bei 4 Fuß	bei 3 Fuß	bei 2 Fuß	bei 1 Fuß	bei 10 Zoll	bei 8 Zoll	bei 6 Zoll	bei 4 Zoll
		Gefälle auf 100 Ruthen.											
Zoll.	□Fuß.	Fuß.	Fuß.	Fuß.	Fuß.	Fuß.	Fuß.	Fuß.	Fuß.	Fuß.	Fuß.	Fuß.	Fuß.
1	0,0055	0,711	0,665	0,615	0,562	0,503	0,436	0,356					
1½	0,0123	0,871	0,815	0,755	0,689	0,616	0,533	0,436					
2	0,0218	1,005	0,941	0,871	0,795	0,711	0,615	0,503	0,356				
3	0,0491	1,229	1,150	1,065	0,972	0,869	0,753	0,615	0,435	0,355			
4	0,0872	1,403	1,312	1,215	1,109	1,002	0,867	0,708	0,503	0,455	0,409		
5	0,1363	1,581	1,479	1,369	1,250	1,118	0,969	0,787	0,559	0,509	0,457	0,395	
6	0,1963	1,729	1,618	1,498	1,367	1,223	1,059	0,865	0,613	0,560	0,500	0,433	0,353
7	0,2672	1,866	1,744	1,618	1,475	1,319	1,142	0,933	0,660	0,608	0,540	0,467	0,381
8	0,3491	1,990	1,861	1,723	1,573	1,407	1,219	0,995	0,703	0,643	0,575	0,497	0,406
9	0,4418	2,107	2,971	1,825	1,666	1,490	1,291	1,054	0,745	0,680	0,608	0,527	0,430

B.

Danach beträgt die aus einem Drain in Einer Secunde ausfließende Wassermenge:

Lichte Weite der Röhren.	Flächen-Inhalt des Quer-Profils.	bei 8 Fuß	bei 7 Fuß	bei 6 Fuß	bei 5 Fuß	bei 4 Fuß	bei 3 Fuß	bei 2 Fuß	bei 1 Fuß	bei 10 Zoll	bei 8 Zoll	bei 6 Zoll	bei 4 Zoll
		Gefälle auf 100 Ruthen.											
Zoll.	□Fuß.	Fuß.	Fuß.	Fuß.	Fuß.	Fuß.	Fuß.	Fuß.	Fuß.	Fuß.	Fuß.	Fuß.	Fuß.
1	0,0055	0,00391	0,00366	0,00338	0,00309	0,00277	0,00240	0,00196					
1½	0,0123	0,01071	0,01002	0,00929	0,00847	0,00758	0,00656	0,00536					
2	0,0218	0,02191	0,02051	0,01899	0,01733	0,01550	0,01341	0,01097	0,00776				
3	0,0491	0,06034	0,05647	0,05229	0,04772	0,04267	0,03697	0,03020	0,02136	0,01743			
4	0,0872	0,12234	0,11441	0,10595	0,09670	0,08737	0,07560	0,06174	0,04386	0,03968	0,03566		
5	0,1363	0,21549	0,20159	0,18659	0,17038	0,15238	0,13217	0,10727	0,07619	0,06938	0,06229	0,05384	
6	0,1963	0,33940	0,31761	0,29406	0,26834	0,24007	0,20788	0,16980	0,12033	0,10993	0,09815	0,08500	0,06929
7	0,2672	0,49860	0,46610	0,43233	0,39412	0,35244	0,30514	0,24930	0,17635	0,16246	0,14429	0,12478	0,10180
8	0,3491	0,69471	0,64968	0,60150	0,54913	0,49118	0,42555	0,34735	0,24542	0,22447	0,20073	0,17350	0,14173
9	0,4418	0,93087	0,87079	0,80629	0,73604	0,65828	0,57036	0,46566	0,32914	0,30042	0,26861	0,23283	0,18997

C.

Berechnung der Wassermenge, welche in einer Secunde abfließen muß, wenn eine bestimmte mit Wasser überstaute Fläche ¼ Zoll hoch ablaufen soll.

Größe der Fläche.		Wassermenge pro Secunde.	Größe der Fläche.		Wassermenge pro Secunde.
Morgen.	□Ruthen	Kubikfuß.	Morgen.	□Ruthen	Kubikfuß.
—	5	0,00017	—	150	0,00521
—	10	0,00035	—	155	0,00539
—	15	0,00052	—	160	0,00556
—	20	0,00069	—	165	0,00574
—	25	0,00087	—	170	0,00591
—	30	0,00104	—	175	0,00608
—	35	0,00122	1	—	0,00625
—	40	0,00139	2	—	0,01250
—	45	0,00156	3	—	0,01875
—	50	0,00174	4	—	0,02500
—	55	0,00191	5	—	0,03125
—	60	0,00208	6	—	0,03750
—	65	0,00226	7	—	0,04375
—	70	0,00243	8	—	0,05000
—	75	0,00260	9	—	0,05625
—	80	0,00278	10	—	0,06250
—	85	0,00295	15	—	0,09375
—	90	0,00313	20	—	0,12500
—	95	0,00330	25	—	0,15625
—	100	0,00347	30	—	0,18750
—	105	0,00365	35	—	0,21875
—	110	0,00382	40	—	0,25000
—	115	0,00399	45	—	0,28125
—	120	0,00417	50	—	0,31250
—	125	0,00434	60	—	0,37500
—	130	0,00451	70	—	0,43750
—	135	0,00469	80	—	0,50000
—	140	0,00487	90	—	0,56250
—	145	0,00504	100	—	0,62500

D. Zulässige Länge der Röhren.

Gefälle auf 100 Ruthen.	bei 3 R.	bei 3½ R.	bei 4 R.	bei 4½ R.	bei 5 R.	bei 5½ R.	bei 6 R.	bei 6½ R.	bei 7 R.	bei 7½ R.	bei 8 R.	bei 8½ R.	bei 9 R.	bei 9½ R.	bei 10 R.
	1 Zoll Durchmesser														
	Entfernung der Drains von einander.														
	Ruthen	Ruthen	Ruthen	Ruthen	Ruthen	Ruthen	Ruthen	Ruthen	Ruthen	Ruthen	Ruthen	Ruthen	Ruthen	Ruthen	Ruthen
8 Fuß . .	38	33	29	25½	23	21	19	17½	16	15	14	13½	13	12	11½
7 „ . .	35	30	26	23½	21	19	17½	16	15	14	13	12½	12	11	10½
6 „ . .	33	28	24½	22	19½	18	16	15	14	13	12	11½	11	10	9
5 „ . .	30	25½	22	20	18	16	15	14	13	12	11	10½	10	9½	9
4 „ . .	27	23	20	18	16	14½	13	12	11½	10½	10	9½	9	8½	8
3 „ . .	23	20	17	15½	14	12½	11	10½	10	9	8½	8	7½	7	6
2 „ . .	19	16½	14	13	11½	10½	9½	8½	8	7½	7	6½	6	6	5½
	Röhren von 1½ Zoll Durchmesser.														
8 Fuß . .	103	89	77	69	62	56	51	47	44	41	38	36	34	32	31
7 „ . .	96	82	72	64	58	52	48	44	41	38	36	34	32	30	29
6 „ . .	89	76	67	59	53	48	45	41	38	35	33	31	29	28	27
5 „ . .	81	69	61	54	48	44	41	38	35	32	30	29	27	25	24
4 „ . .	73	62	55	48	43	40	36	33	31	29	27	26	24	23	21
3 „ . .	63	54	47	42	37	34	31	29	27	25	23	22	21	20	19
2 „ . .	51	44	38	34	31	28	25	23	22	21	19	18	17	16	15

Röhren von 2 Zoll Durchmesser.

Gefälle auf 100 Ruthen.	bei 3 R.	bei 3½ R.	bei 4 R.	bei 4½ R.	bei 5 R.	bei 5½ R.	bei 6 R.	bei 6½ R.	bei 7 R.	bei 7½ R.	bei 8 R.	bei 8½ R.	bei 9 R.	bei 9½ R.	bei 10 R.
	Entfernung der Drains von einander.														
	Ruthen	Ruthen	Ruthen	Ruthen	Ruthen	Ruthen	Ruthen	Ruthen	Ruthen	Ruthen	Ruthen	Ruthen	Ruthen	Ruthen	Ruthen
8 Fuß . .	210	180	158	140	126	115	105	97	90	84	79	74	70	66	63
7 „ . .	197	169	148	131	118	107	98	90	84	79	74	70	66	62	59
6 „ . .	182	156	137	121	109	99	91	84	79	72	68	64	61	58	55
5 „ . .	166	142	125	111	100	90	83	77	71	67	62	58	55	53	50
4 „ . .	149	127	112	99	89	81	74	69	64	60	56	52	49	46	44
3 „ . .	129	110	97	85	77	69	64	59	55	51	48	45	42	40	38
2 „ . .	105	90	79	70	63	57	52	48	45	42	39	37	35	33	31
1 „ . .	75	64	56	50	45	40	37	34	32	30	28	27	25	24	22

Röhren von 3 Zoll Durchmesser.

Gefälle auf 100 Ruthen.	bei 3 R.	bei 3½ R.	bei 4 R.	bei 4½ R.	bei 5 R.	bei 5½ R.	bei 6 R.	bei 6½ R.	bei 7 R.	bei 7½ R.	bei 8 R.	bei 8½ R.	bei 9 R.	bei 9½ R.	bei 10 R.
8 Fuß . .	581	498	436	387	348	316	290	268	249	232	218	205	193	183	174
7 „ . .	542	465	407	361	325	296	271	250	232	216	203	191	181	171	162
6 „ . .	502	430	376	335	301	274	251	231	215	200	188	177	167	158	150
5 „ . .	458	392	343	305	275	249	229	211	196	183	172	161	153	144	137
4 „ . .	409	351	307	273	245	223	205	189	175	163	154	144	136	129	123
3 „ . .	355	304	266	236	213	194	177	164	152	142	133	125	118	112	106
2 „ . .	290	248	217	193	174	158	145	134	124	116	109	102	97	91	87
1 „ . .	205	176	153	136	123	112	102	95	88	82	77	72	68	64	61
10 Zoll . .	167	143	125	112	100	91	84	77	72	67	63	59	56	53	50

Röhren von 4 Zoll Durchmesser.

Gefälle auf 100 Ruthen.	bei 3 R.	bei 3½ R.	bei 4 R.	bei 4½ R.	bei 5 R.	bei 5½ R.	bei 6 R.	bei 6½ R.	bei 7 R.	bei 7½ R.	bei 8 R.	bei 8½ R.	bei 9 R.	bei 9½ R.	bei 10 R.
	Entfernung der Drains von einander.														
	Ruthen	Ruthen	Ruthen	Ruthen	Ruthen	Ruthen	Ruthen	Ruthen	Ruthen	Ruthen	Ruthen	Ruthen	Ruthen	Ruthen	Ruthen
8 Fuß . .	1174	1006	880	782	704	640	587	542	503	470	440	415	391	371	352
7 „ . .	1098	941	823	732	650	599	549	507	470	439	411	388	366	347	329
6 „ . .	1017	872	763	678	610	554	508	469	436	407	381	359	339	321	305
5 „ . .	928	795	696	618	557	506	464	428	398	371	348	329	309	293	278
4 „ . .	838	718	629	559	503	457	419	387	359	335	314	296	279	265	251
3 „ . .	726	622	544	484	435	396	363	335	311	290	272	256	242	229	218
2 „ . .	593	508	444	395	355	323	296	273	254	237	222	209	197	187	178
1 „ . .	421	360	315	280	252	229	210	194	180	198	158	149	140	133	126
10 Zoll . .	381	326	285	253	228	207	190	176	163	152	142	134	127	120	114
8 „ . .	342	294	257	228	205	187	171	158	147	137	128	120	114	108	103

Röhren von 5 Zoll Durchmesser.

Gefälle auf 100 Ruthen.	bei 3 R.	bei 3½ R.	bei 4 R.	bei 4½ R.	bei 5 R.	bei 5½ R.	bei 6 R.	bei 6½ R.	bei 7 R.	bei 7½ R.	bei 8 R.	bei 8½ R.	bei 9 R.	bei 9½ R.	bei 10 R.
	Entfernung der Drains von einander.														
	Ruthen	Ruthen	Ruthen	Ruthen	Ruthen	Ruthen	Ruthen	Ruthen	Ruthen	Ruthen	Ruthen	Ruthen	Ruthen	Ruthen	Ruthen
8 Fuß . .	2069	1773	1551	1379	1241	1128	1034	954	886	827	775	730	690	653	620
7 „ . .	1935	1659	1451	1290	1161	1056	968	893	829	774	725	683	645	611	580
6 „ . .	1791	1535	1343	1194	1074	977	895	826	767	716	672	632	597	565	537
5 „ . .	1635	1402	1226	1090	981	892	817	754	701	654	613	577	545	516	490
4 „ . .	1463	1254	1097	975	878	798	731	675	627	585	548	516	488	462	439
3 „ . .	1268	1087	951	845	761	692	634	585	543	507	475	448	422	400	380
2 „ . .	1030	883	772	686	617	562	514	475	441	412	386	363	343	325	308
1 „ . .	774	663	580	516	464	422	387	357	331	310	290	273	258	244	232
10 Zoll . .	666	571	500	444	400	363	333	307	285	266	250	235	222	210	200
8 „ . .	597	508	445	396	356	324	297	274	254	237	223	209	198	187	178
6 „ . .	517	442	388	344	310	282	258	239	221	207	194	182	172	163	155

Röhren von 6 Zoll Durchmesser.

Gefälle auf 100 Ruthen.	bei 3 R.	bei $3\frac{1}{2}$ R.	bei 4 R.	bei $4\frac{1}{2}$ R.	bei 5 R.	bei $5\frac{1}{2}$ R.	bei 6 R.	bei $6\frac{1}{2}$ R.	bei 7 R.	bei $7\frac{1}{2}$ R.	bei 8 R.	bei $8\frac{1}{2}$ R.	bei 9 R.	bei $9\frac{1}{2}$ R.	bei 10 R.
	Entfernung der Drains von einander.														
	Ruthen	Ruthen	Ruthen	Ruthen	Ruthen	Ruthen	Ruthen	Ruthen	Ruthen	Ruthen	Ruthen	Ruthen	Ruthen	Ruthen	Ruthen
8 Fuß . .	3258	2793	2444	2172	1955	1777	1626	1504	1396	1303	1222	1150	1086	1029	977
7 „ . .	3049	2613	2287	2033	1829	1663	1524	1407	1306	1220	1143	1076	1016	963	915
6 „ . .	2823	2420	2117	1882	1694	1540	1412	1303	1210	1129	1058	996	941	892	847
5 „ . .	2566	2200	1925	1711	1540	1400	1283	1185	1100	1027	962	906	855	810	770
4 „ . .	2305	1975	1728	1536	1383	1257	1152	1064	988	922	864	814	768	728	691
3 „ . .	1996	1710	1497	1330	1197	1088	998	921	855	799	748	704	665	630	599
2 „ . .	1630	1396	1222	1087	978	889	815	752	698	652	611	575	573	515	489
1 „ . .	1155	990	866	770	693	630	577	533	495	462	433	408	385	365	347
10 Zoll . .	1055	904	792	704	633	576	528	487	452	422	396	373	352	333	316
8 „ . .	942	808	707	628	565	514	471	435	404	377	353	332	314	397	282
6 „ . .	816	700	612	544	489	445	408	377	350	327	306	288	272	258	245
4 „ . .	665	570	499	444	399	363	333	307	285	266	249	235	222	210	200

Röhren von 7 Zoll Durchmesser.

Gefälle auf 100 Ruthen.	bei 3 R.	bei 3½ R.	bei 4 R.	bei 4½ R.	bei 5 R.	bei 5½ R.	bei 6 R.	bei 6½ R.	bei 7 R.	bei 7½ R.	bei 8 R.	bei 8½ R.	bei 9 R.	bei 9½ R.	bei 10 R.
	Entfernung der Drains von einander.														
	Ruthen	Ruthen	Ruthen	Ruthen	Ruthen	Ruthen	Ruthen	Ruthen	Ruthen	Ruthen	Ruthen	Ruthen	Ruthen	Ruthen	Ruthen
8 Zoll . .	4787	4103	3590	3191	2872	2611	2393	2209	2051	1915	1795	1690	1596	1512	1436
7 „ . .	4474	3835	3356	2983	2685	2441	2237	2065	1918	1790	1678	1579	1491	1413	1342
6 „ . .	4150	3557	3113	2767	2490	2264	2075	1916	1779	1660	1556	1465	1383	1311	1245
5 „ . .	3784	3243	2838	2522	2270	2064	1892	1746	1622	1514	1419	1336	1261	1195	1135
4 „ . .	3383	2900	2537	2256	2030	1846	1692	1562	1450	1353	1269	1783	1128	1069	1015
3 „ . .	2929	2511	2197	1953	1758	1598	1465	1352	1255	1172	1098	1034	976	925	879
2 „ . .	2393	2051	1795	1595	1436	1305	1196	1104	1025	957	897	844	797	756	718
1 „ . .	1693	1449	1270	1128	1016	924	846	781	725	677	635	598	564	535	508
10 Zoll . .	1558	1337	1170	1038	935	851	780	720	668	624	585	551	519	492	468
8 „ . .	1382	1184	1036	922	829	754	691	637	592	553	518	488	461	437	415
6 „ . .	1195	1024	896	796	717	652	598	552	512	478	448	422	398	377	358
4 „ . .	977	838	733	652	586	533	489	451	419	391	367	345	326	309	293

Röhren von 8 Zoll Durchmesser.

Gefälle auf 100 Ruthen.	bei 3 R.	bei 3½ R.	bei 4 R.	bei 4½ R.	bei 5 R.	bei 5½ R.	bei 6 R.	bei 6½ R.	bei 7 R.	bei 7½ R.	bei 8 R.	bei 8½ R.	bei 9 R.	bei 9½ R.	bei 10 R.
	Entfernung der Drains von einander.														
	Ruthen	Ruthen	Ruthen	Ruthen	Ruthen	Ruthen	Ruthen	Ruthen	Ruthen	Ruthen	Ruthen	Ruthen	Ruthen	Ruthen	Ruthen
8 Fuß . .	6669	5716	5002	4446	4001	3638	3335	3078	2858	2668	2500	2354	2223	2106	2000
7 " . .	6237	5346	4678	4158	3742	3402	3118	2879	2673	2495	2339	2201	2079	1970	1871
6 " . .	5774	4949	4331	3850	3465	3150	2887	2665	2475	2310	2165	2038	1925	1824	1732
5 " . .	5272	4519	3954	3515	3163	2875	2636	2433	2259	2109	1977	1861	1757	1665	1581
4 " . .	4715	4042	3537	3144	2829	2572	2358	2176	2021	1886	1768	1664	1572	1489	1414
3 " . .	4085	3502	3064	2724	2451	2228	2043	1886	1751	1634	1532	1442	1362	1290	1226
2 " . .	3335	2858	2501	2223	2000	1819	1667	1539	1429	1334	1250	1177	1112	1053	1000
1 " . .	2356	2019	1767	1571	1414	1285	1178	1087	1010	942	883	832	785	744	707
10 Zoll . .	2152	1844	1614	1435	1291	1174	1076	993	922	861	807	760	717	680	646
8 " . .	1927	1652	1445	1284	1156	1051	964	889	826	777	723	680	642	607	578
6 " . .	1666	1428	1249	1110	999	909	833	769	714	666	625	588	555	525	500
4 " . .	1361	1166	1021	908	816	742	680	628	583	544	510	480	454	430	408

Röhren von 9 Zoll Durchmesser.

Gefälle auf 100 Ruthen.	bei 3 R.	bei 3½ R.	bei 4 R.	bei 4½ R.	bei 5 R.	bei 5½ R.	bei 6 R.	bei 6½ R.	bei 7 R.	bei 7½ R.	bei 8 R.	bei 8½ R.	bei 9 R.	bei 9½ R.	bei 10 R.
	Entfernung der Drains von einander.														
	Ruthen	Ruthen	Ruthen	Ruthen	Ruthen	Ruthen	Ruthen	Ruthen	Ruthen	Ruthen	Ruthen	Ruthen	Ruthen	Ruthen	Ruthen
8 Fuß . .	8936	7660	6702	5958	5362	4874	4468	4125	3830	3575	3351	3154	2979	2822	2681
7 „ . .	8360	7165	6270	5573	5016	4560	4180	3858	3583	3344	3135	2951	2787	2640	2508
6 „ . .	7740	6634	5805	5160	4644	4222	3870	3573	3317	3096	2903	2732	2580	2445	2322
5 „ . .	7066	6056	5299	2710	4240	3854	3533	3261	3028	2826	2650	2494	2355	2231	2120
4 „ . .	6319	5417	4740	4213	3792	3447	3160	2917	2708	2528	2370	2230	2106	1996	1896
3 „ . .	5475	4693	4107	3650	3285	2987	2738	2527	2346	2190	2053	1933	1825	1729	1643
2 „ . .	4470	3832	3353	2980	2682	2438	2235	2063	1916	1788	1676	1578	1490	1412	1341
1 „ . .	3160	2708	2370	2106	1896	1723	1580	1458	1354	1262	1184	1115	1053	998	948
10 Zoll . .	2884	2472	2163	1923	1730	1573	1442	1331	1236	1154	1032	1018	961	911	865
8 „ . .	2579	2210	1934	1718	1547	1407	1289	1190	1105	1031	967	910	859	814	774
6 „ . .	2235	1916	1676	1490	1341	1218	1118	1032	958	894	838	789	745	706	671
4 „ . .	1820	1560	1365	1214	1092	993	910	840	780	728	682	642	607	573	546

Gedruckt bei Julius Sittenfeld in Berlin.

Der
rationelle Wiesenbau.
Von
L. Vincent,
Wiesenbaumeister der Pommerschen ökonomischen Gesellschaft, und Docent an der landwirthschaftlichen Lehranstalt zu Regenwalde.

Mit 12 Tafeln Abbildungen.

Preis 1 Thlr. 22½ Sgr.

Beiträge
zur
Kenntniß der Landwirthschaft
in den
Königl. Preußischen Staaten.
Von
Alex. v. Lengerke.

Erster Band.

Beobachtungen auf landwirthschaftlichen Reisen in den Königl. Preuß. Staaten.

Die Provinzen Sachsen und Schlesien.

35½ Bogen. 8. Mit einem Titelkupfer und 2 Karten.

2 Thlr. 22½ Sgr.

Zweiter Band.

1. Entwurf einer Agricultur-Statistik des Preußischen Staats.
2. Beiträge zur Kenntniß der Westphälischen Landwirthschaft.

XX. 512 S.

2 Thlr. 22½ Sgr.

Diese Beiträge erstrecken sich über das Fürstenthum Minden, den Kreis Lübbeke, die Grafschaft Ravensberg, den Hellwig in der Grafschaft Mark, den Kreis Soest und das Münsterland.

FSC
www.fsc.org
MIX
Papier | Fördert gute Waldnutzung
FSC® C083411

Zeitfracht Medien GmbH
Ferdinand-Jühlke-Straße 7
99095 Erfurt, Deutschland
produktsicherheit@kolibri360.de